普通高等教育"十三五"规划教材

C 语言程序设计实训教程

主　编　陈　鑫
副主编　陕粉丽
参　编　路　璐　李慧玲　马　强

北京邮电大学出版社
www.buptpress.com

内 容 简 介

本书以 Visual Studio 6.0 作为 C 语言程序的集成开发环境,以循序渐进、深入浅出的写作思想,系统地介绍了 C 语言的基本知识和程序设计方法。

全书共分为 11 章,内容包括:C 语言基础知识,C 语言程序设计概述与数据类型,顺序、选择和循环三种基本结构的程序设计方法,数组、函数和指针等 C 语言程序设计重点和难点内容,结构体和共用体两种复杂数据结构程序设计,文件的概念和文件的基本操作方面的知识,最后以学生成绩管理系统为例,介绍 C 语言程序设计的基本编程方法与技巧。

本书可作为高等院校计算机专业和非计算机专业学生学习 C 语言程序设计的教材(并且有利于读者进一步学习 C++),也可作为参加计算机等级考试的读者的学习与参考书。

图书在版编目(CIP)数据

C 语言程序设计实训教程 / 陈鑫主编 . -- 北京:北京邮电大学出版社,2018.2
ISBN 978-7-5635-5341-9

Ⅰ. ①C… Ⅱ. ①陈… Ⅲ. ①C 语言－程序设计 Ⅳ. ①TP312.8

中国版本图书馆 CIP 数据核字(2017)第 306220 号

书　　　名:	C 语言程序设计实训教程
著作责任者:	陈　鑫　主编
责 任 编 辑:	满志文
出 版 发 行:	北京邮电大学出版社
社　　　址:	北京市海淀区西土城路 10 号(邮编:100876)
发 行 部:	电话:010-62282185　传真:010-62283578
E-mail:	publish@bupt.edu.cn
经　　　销:	各地新华书店
印　　　刷:	保定市中画美凯印刷有限公司
开　　　本:	787 mm×1 092 mm　1/16
印　　　张:	12.25
字　　　数:	302 千字
版　　　次:	2018 年 2 月第 1 版　2018 年 2 月第 1 次印刷

ISBN 978-7-5635-5341-9　　　　　　　　　　　　　　　　　　　　定　价:32.00 元

· 如有印装质量问题,请与北京邮电大学出版社发行部联系 ·

前　言

  C 语言程序设计是目前高等院校中最为基本,也是最为核心的课程。通过该课程的教学,一是让学生掌握一种高级程序设计语言,二是使学生了解程序设计的思想和方法,培养程序设计的实践能力。要学会利用 C 语言去解决实际问题,单凭编写一些简单的小程序训练是无法解决的。特别是对于初次接触 C 语言的学生或者个人而言,按照 C 语言的知识体系去学习和实践,也许能够对 C 语言的知识有比较全面的了解,但是学完后如果要马上去开发一些小的系统项目,还是会感到力不从心。本书力图按照知识构建的思路来引导和训练学生学习使用 C 语言,切实提高 C 语言程序设计的学习效率和应用水平。只有学好了 C 语言,才有可能进一步学习 C++、数据结构等高级软硬件课程。本书以讲解基本知识,提高基本技能为宗旨,将程序设计基本技能与技巧组织在教材中。

  本书第 1 章 C 语言概述,介绍了 C 语言的基本概念以及运行 C 语言程序的上机步骤。第 2 章数据类型与运算符,介绍了 C 语言的数据类型、运算符和表达式。第 3 章顺序结构程序设计,第 4 章选择结构程序设计,第 5 章循环结构程序设计,这三章分别详细介绍了程序设计的三种基本结构、语法及应用。第 6 章函数,介绍了函数的定义、调用、变量的作用域及存储类别。第 7 章数组,介绍了一维数组、二维数组和字符数组的定义、初始化及应用。第 8 章指针,介绍了指针的定义和运算。第 9 章用户自定义数据类型,介绍结构体和共用体的定义及应用。第 10 章文件,介绍文件的基本操作。第 11 章综合项目,以学生成绩管理系统为例,介绍 C 语言程序设计的基本编程方法与技巧。

  各章分工如下:第 1、2 章由陕粉丽编写,第 3、4、5 章由陈鑫编写,第 6、7 章由路璐编写,第 8、9 章由李慧玲编写,第 10、11 章由马强编写。全书由陈鑫担任主编,并负责统稿。由于编者水平有限,书中有不当之处恳请读者批评指正。

编　者

目　　录

第1章 C语言概述

1.1 程序设计语言的发展

自 20 世纪 60 年代以来,世界上公布的程序设计语言已有上千种之多,但是只有很小一部分得到了广泛的应用。从发展历程来看,程序设计语言可以分为四代。

(1) 第一代机器语言

机器语言是由二进制 0、1 代码指令构成,不同的 CPU 具有不同的指令系统。机器语言程序难编写、难修改、难维护,需要用户直接对存储空间进行分配,编程效率极低。这种语言已经被渐渐淘汰了。

(2) 第二代汇编语言

汇编语言指令是机器指令的符号化,与机器指令存在着直接的对应关系,所以汇编语言同样存在着难学难用、容易出错、维护困难等缺点。但是汇编语言也有自己的优点:可直接访问系统接口,汇编程序翻译成的机器语言程序效率高。从软件工程角度来看,只有在高级语言不能满足设计要求,或不具备支持某种特定功能的技术性能(如特殊的输入/输出)时,汇编语言才被使用。

(3) 第三代高级语言

高级语言是面向用户的、基本上独立于计算机种类和结构的语言。其最大的优点是:形式上接近于算术语言和自然语言,概念上接近于人们通常使用的概念。高级语言的一个命令可以代替几条、几十条甚至几百条汇编语言的指令。因此,高级语言易学易用,通用性强,应用广泛。

(4) 第四代非过程化语言

4GL 是非过程化语言,编码时只需说明"做什么",不需描述算法细节。

数据库查询和应用程序生成器是 4GL 的两个典型应用。用户可以用数据库查询语言(SQL)对数据库中的信息进行复杂的操作。用户只需将要查找的内容在什么地方、根据什么条件进行查找等信息告诉 SQL,SQL 将自动完成查找过程。应用程序生成器则是根据用户的需求"自动生成"满足需求的高级语言程序。真正的第四代程序设计语言应该说还没有出现。所谓的第四代语言大多是指基于某种语言环境上具有 4GL 特征的软件工具产品,如System Z、PowerBuilder、FOCUS 等。第四代程序设计语言是面向应用,为最终用户设计的一类程序设计语言。它具有缩短应用开发过程、降低维护代价、最大限度地减少调试过程中出现的问题以及对用户友好等优点。

1.2　C 语言的发展及其特点

C 语言是国际上广泛流行的计算机高级语言。它是一种用途广泛、功能强大、使用灵活的过程性编程语言,既可用于编写应用软件,又能用于编写系统软件。因此 C 语言问世以后得到迅速推广。自 20 世纪 90 年代初,C 语言在我国开始推广以来,学习和使用 C 语言的人越来越多,成了学习和使用人数最多的一种计算机语言,绝大多数理工科大学都开设了 C 语言程序设计课程。掌握 C 语言成为计算机开发人员的一项基本功。

C 语言发展如此迅速,而且成为最受欢迎的语言之一,主要因为它具有强大的功能。许多著名的系统软件,如 Windows(C,C++)、Linux(C)、UNIX(C)都是由 C 语言编写的。

1.2.1　C 语言出现的历史背景

C 语言是 1972 年由美国的 Dennis Ritchie 设计发明的,并首次在 UNIX 操作系统的 DEC PDP-11 计算机上使用。它由早期的编程语言 BCPL(Basic Combined Programming Language)发展演变而来。在 1970 年,AT&T 贝尔实验室的 Ken Thompson 根据 BCPL 语言设计出较先进的并取名为 B 的语言,最后导致了 C 语言的问世。

随着微型计算机的日益普及,出现了许多 C 语言版本。由于没有统一的标准,使得这些 C 语言之间出现了一些不一致的地方。为了改变这种情况,美国国家标准研究所(ANSI)为 C 语言制定了一套 ANSI 标准,成为现行的 C 语言标准。

1.2.2　C 语言的特点

C 语言有以下一些主要特点。

(1) 简洁紧凑、灵活方便

C 语言一共只有 32 个关键字,9 种控制语句,程序书写自由,主要用小写字母表示。它把高级语言的基本结构和语句与低级语言的实用性结合起来。C 语言可以像汇编语言一样对位、字节和地址进行操作,而这三者是计算机最基本的工作单元。

(2) 运算符丰富

C 语言的运算符包含的范围很广泛,共有 34 个运算符。C 语言把括号、赋值、强制类型转换等都作为运算符处理,从而使 C 语言的运算类型极其丰富。表达式类型多样化,灵活使用各种运算符可以实现在其他高级语言中难以实现的运算。

(3) 数据类型丰富

C 语言的数据类型有:整型、实型、字符型、数组类型、指针类型、结构体类型、共用体类型等。它能用来实现各种复杂的数据类型的运算,并引入了指针概念,使程序效率更高。另外 C 语言具有强大的图形功能,支持多种显示器和驱动器。且计算功能、逻辑判断功能强大。

（4）C 是结构式语言

结构式语言的显著特点是代码及数据的分隔化,即程序的各个部分除了必要的信息交流外彼此独立。这种结构化方式可使程序层次清晰,便于使用、维护以及调试。C 语言是以函数形式提供给用户的,这些函数可方便的调用,并具有多种循环、条件语句控制程序流向,从而使程序完全结构化。

（5）C 语言的语法限制不太严格,程序设计自由度大

一般的高级语言语法检查比较严,能够检查出几乎所有的语法错误。而 C 语言允许程序编写者有较大的自由度。

（6）C 语言允许直接访问物理地址,可以直接对硬件进行操作

C 语言既具有高级语言的功能,又具有低级语言的许多功能,能够像汇编语言一样对位、字节和地址进行操作,而这三者是计算机最基本的工作单元,可以用来写系统软件。

（7）C 语言程序生成代码质量高,程序执行效率高

一般只比汇编程序生成的目标代码效率低 10%～20%。

（8）C 语言适用范围大,可移植性好

C 语言有一个突出的优点就是适合于多种操作系统,如 DOS、UNIX,也适用于多种机型。对操作系统和系统使用程序以及需要对硬件进行操作的场合,用 C 语言明显优于其他高级语言,许多大型应用软件都是用 C 语言编写的。

C 语言绘图能力强,具有可移植性,并具备很强的数据处理能力,因此适于编写系统软件,三维、二维图形和动画,它是数值计算的高级语言。

1.3 开 发 环 境

1.3.1 开发工具介绍

Visual C++是 Microsoft 公司的 Visual Studio 开发工具箱中的一个 C++程序开发包。Visual Studio 提供了一整套开发 Internet 和 Windows 应用程序的工具,包括 Visual C++、Visual Basic、Visual FoxPro、Visual InterDev、Visual J++以及其他辅助工具,如代码管理工具 Visual SourceSafe 和联机帮助系统 MSDN。Visual C++包中除包括 C++编译器外,还包括所有的库、例子和为创建 Windows 应用程序所需要的文档。

从最早期的 1.0 版本发展 6.0 版本,到最新的.NET 版本,Visual C++已经有了很大的变化,在界面、功能、库支持方面都有许多的增强。6.0 版本在编译器、MFC 类库、编辑器以及联机帮助系统等方面都比以前的版本做了较大改进。

Visual C++一般分为三个版本:学习版、专业版和企业版,不同的版本适合于不同类型的应用开发。本书中安装的实验环境是基于企业版的。

1.3.2 Visual Studio 安装

下载一个 Visual Studio 6.0 的安装包。下载完成之后,解压,找到安装文件,单击进入安装。

第一步,弹出安全警告之后,单击"运行"按钮,继续安装。

第二步,进入安装向导,单击"下一步"按钮,继续安装,如图 1-1 所示。

第三步,阅读协议,选择"接受协议",单击"下一步"按钮,继续安装,如图 1-2 所示。

图 1-1   图 1-2

第四步,输入产品号和用户 ID,单击"下一步"按钮,继续安装,如图 1-3 所示。

第五步,选择企业版安装选项,通常选择"自定义",单击"下一步",继续安装,如图 1-4 所示。

 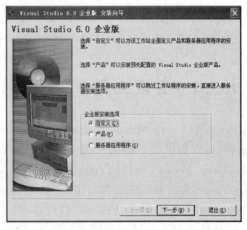

图 1-3   图 1-4

第六步,进入准备安装状态,可根据需要进行相应选项的选择,单击"继续"按钮,进入安装,如图 1-5 所示。

第七步,安装环境变量,为操作方便,选择注册环境变量,单击"确定"按钮,如图 1-6 所示。

第八步,进入安装过程,安装结束后。确认创建桌面快捷方式。Visual Studio 6.0 成功安装完成,双击桌面上 Visual Studio 6.0 图标,就能顺利进入 Visual Studio 6.0 集成环境,如图 1-7 所示。

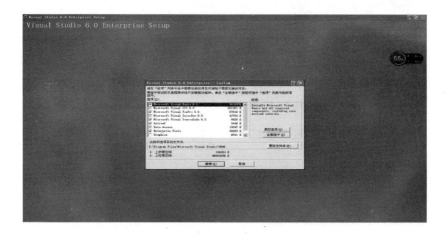

图 1-5

图 1-6

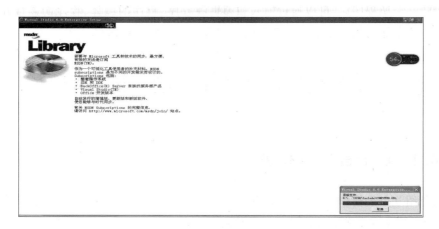

图 1-7

1.3.3　Visual Studio 主界面

为了能使用 Visual Studio 6.0 集成环境,必须事先在所用的计算机上安装 Visual Studio 6.0 系统。在安装后最好在桌面上设立 Visual Studio 6.0 的快捷方式图标,以方便使用。

双击桌面上 Visual Studio 6.0 图标,就能进入 Visual Studio 6.0 集成环境,屏幕上出现 Visual Studio 6.0 的主窗口,如图 1-8 所示。为了方便读者,本书介绍的是 Visual Studio 6.0 中文版。

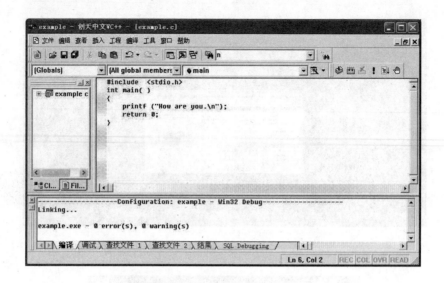

图 1-8

在 Visual Studio 6.0 主窗口的顶部是 Visual Studio 6.0 的主菜单栏。其中包含 9 个菜单项:文件、编辑、查看、插入、工程、编译、工具、窗口和帮助。

主窗口的左侧是项目工作区窗口,右侧是程序编辑窗口。工作区窗口用来显示所设定的工作区的信息,程序编辑窗口用来输入和编辑源程序。

在新建一个源程序后,可以通过输入和编辑源程序、程序的编译、程序的连接和程序的执行完成一个程序的执行过程。对于新建的源程序一定要进行保存。

1.4 案例分析:几个简单的 C 语言程序

1.4.1 C 语言程序举例

下面介绍几个最简单的 C 语言程序。

例 1.1 要求在屏幕上输出以下一行信息。

How are you.

解题思路:在主函数中用 printf 函数原样输出以上文字。

编写程序:

```
#include  <stdio.h>          //这是编译预处理指令
int main( )                   //定义主函数
{                             //函数开始的标志
    printf ("How are you.\n");   //输出所指定的一行信息
    return 0;                    //函数执行完毕时返回函数值0
}                               //函数结束的标志
```

运行结果：

How are you.

Press any key to continue

以上运行结果是在 Visual C++ 6.0 环境下运行程序时屏幕上得到的显示。其中第 1 行是程序运行后输出的结果,第 2 行是 Visual C++ 6.0 系统在输出完运行结果后自动输出的一行信息,告诉用户:"如果想继续进行下一步,请按任意键"。当用户按任意键后,屏幕上不再显示运行结果,而是返回程序窗口,以便进行下一步工作(如修改程序)。为节省篇幅,本书在以后显示运行结果时,不再包括内容为"Press any key to continue"的行。

例 1.2　本程序的功能是对从键盘输入的长方体的长、宽、高三个整型量求其体积的值。

解题思路: 用一个函数来计算长方体的体积。在主函数中调用此函数并输出结果。

编写程序:

```
# include <stdio.h>
int main()
{
    float   x,y,z,v;                /* 定义整型变量 */
    scanf("%d,%d,%d",&x,&y,&z);
                                    /* 调用标准函数,从键盘输入 x,y,z 的值 */
    v = volume(x,y,z);              /* 调用 volume 函数,计算体积 */
    printf("v = %d\n",v);
}
int volume(int a, int b, int c)     /* 定义 volume 函数 */
{
    int p;                          /* 定义函数内部使用的变量 p */
    p = a * b * c;                  /* 计算体积 p 的值 */
    return(p);                      /* 将 p 值返回调用处 */
}
```

运行结果:

5,8,6

v = 240

程序分析:

在本例中,main 函数在调用 volume 函数时,将实际参数 x、y、z 的值分别传送给 volume 函数中的形式参数 a、b、c。经过执行 volume 函数得到一个结果(即 volume 函数中变量 p 的值)并把这个值赋给变量 v。

例 1.3　求两个整数中的较大者。

解题思路: 用一个函数来实现求两个整数中的较大者。在主函数中调用此函数并输出结果。

编写程序:

```
# include <stdio.h>
```

```
//主函数
int main()                    //定义主函数
{                             //主函数体开始
    int max(int x,int y);     //对被调用函数 max 的声明
    int a,b,c;                //定义变量 a,b,c
    scanf("%d,%d",&a,&b);     //输入变量 a 和 b 的值
    c = max(a,b);             //调用 max 函数,将得到的值赋给 c
    printf("max = %d\n",c);   //输出 c 的值
    return 0;                 //返回函数值为 0
}                             //主函数体结束
//求两个整数中的较大者的 max 函数
int max(int x,int y)
{                             //定义 max 函数,函数值为整型,形式参数 x 和 y 为整型
    int z;                    //max 函数中的声明部分,定义本函数中用到的变量 z
                              //为整型
    if(x>y)z = x;             //若 x>y 成立,将 x 的值赋给变量 z
    else z = y;               //否则(即 x>y 不成立),将 y 的值赋给变量 z
    return(z);                //将 z 的值作为 max 函数值,返回到调用 max 函数的位置
}
```

运行结果:

89,56

max = 89

程序分析:

上面例中程序的功能是由用户输入两个整数,程序执行后输出其中较大的数。本程序由两个函数组成,主函数和 max 函数。函数之间是并列关系。可从主函数中调用其他函数。max 函数的功能是比较两个数,然后把较大的数返回给主函数。max 函数是一个用户自定义函数。因此在主函数中要给出说明(程序第三行)。可见,在程序的说明部分中,不仅可以有变量说明,还可以有函数说明。在程序的每行后用 /* 和 */ 括起来的,或用 // 标记的内容为注释部分,程序不执行注释部分。

上例中程序的执行过程是,首先在屏幕上显示提示串,请用户输入两个数,回车后由 scanf 函数语句接收这两个数送入变量 a,b 中,然后调用 max 函数,并把 a,b 的值传送给 max 函数的参数 x,y。在 max 函数中比较 a,b 的大小,使 max 函数中的变量 z 得到一个值(即 x 和 y 中大者的值),通过 return(z)把 z 的值作为 max 函数值返回给主函数的变量 c,最后在屏幕上输出 c 的值。

1.4.2　C 语言程序的结构

通过以上几个程序例子,可以看到一个 C 语言程序的结构有以下特点:

(1) 一个程序由一个或多个源程序文件组成。一个规模较小的程序,往往只包括一个

源程序文件。

（2）函数是 C 语言程序的主要组成部分。

（3）一个函数包含两个部分：函数首部和函数体。

（4）程序总是从 main 函数开始执行的。

（5）程序中对计算机的操作是由函数中的 C 语句完成的。

（6）在每个数据声明和语句的最后必须有一个分号。

（7）C 语言本身不提供输入/输出语句。

（8）程序应当包含注释。

//表示单行注释，/＊……＊/表示多行注释。

从书写清晰，便于阅读，理解，维护的角度出发，在书写程序时应遵循以下规则：

（1）每行通常写一条语句。一个说明或一个语句占一行。

（2）花括号的书写格式。用｛｝括起来的部分，通常表示了程序的某一层次结构。｛｝一般与该结构语句的第一个字母对齐，并单独占一行。

（3）适当采取缩进格式。低一层次的语句或说明可比高一层次的语句或说明缩进若干格后书写。以便看起来更加清晰，增加程序的可读性。

（4）程序中尽量使用注释信息，增强程序的可读性。

1.5　C 语言程序的运行步骤

计算机不能直接识别和执行用高级语言写的指令，必须用编译程序（也称编译器）把 C 语言源程序翻译成二进制形式的目标程序，然后再将该目标程序与系统的库函数以及其他目标程序连接起来，形成可执行的目标程序。

在编好一个 C 语言源程序后，怎样上机进行编译和运行呢？一般要经过以下几个步骤：

（1）**编辑**：输入源程序并存盘（文件用．C 作为扩展名）。

（2）**编译**：将源程序翻译为目标文件（扩展名为．OBJ）。

（3）**连接**：将目标文件生成可执行文件（扩展名为．EXE）。

（4）**运行**：执行．EXE 文件，得到运行结果。

一个程序从编写到运行成功，并不是一次成功的，往往要经过多次反复。编写好的程序并不一定能保证正确无误，除了用人工方式检查外，还需借助编译系统来检查有无语法错误。有时编译过程未发现错误，能生成可执行程序，但是运行的结果不正确。一般情况下，这不是语法方面的错误，而可能是程序逻辑方面的错误，应当返回检查源程序，并改正错误。

1.6　C 程序设计的任务

如果只是编写和运行一个很简单的程序，上面介绍的步骤就够了。但是实际上要处理的问题比上面见到的例子复杂得多，需要考虑和处理的问题也复杂得多。程序设计是指从确定任务到得到结果、写出文档的全过程。

从确定问题到最后完成任务,一般经历以下几个工作阶段:

(1) **问题分析**。对于接受的任务要进行认真的分析,研究所给定的条件,分析最后应达到的目标,找出解决问题的规律,选择解题的方法,完成实际问题。

(2) **设计算法**。即设计出解题的方法和具体步骤。

(3) **编写程序**。根据得到的算法,用 C 语言编写出源程序。对源程序进行编辑、编译和连接,得到可执行程序。

(4) **运行程序,分析结果**。运行可执行程序,得到运行结果。能得到运行结果并不意味着程序正确,要对结果进行分析,看它是否合理。不合理要对程序进行调试,即通过上机发现和排除程序中的故障的过程。

(5) **编写程序文档**。许多程序是提供给别人使用的,如同正式的产品应当提供产品说明书一样,正式提供给用户使用的程序,必须向用户提供程序说明书。内容应包括:程序名称、程序功能、运行环境、程序的装入和启动、需要输入的数据,以及使用注意事项等。

习 题

1. 简述程序运行的步骤。

2. 熟悉上机运行 C 语言程序的方法,上机运行本章 3 个例题。

3. 请参照本章例题,编写一个 C 程序,输出以下信息:

```
***********************
Happy New Year!
***********************
```

4. 编写一个 C 语言程序,随机输入半径,计算圆的面积。

5. 编写一个 C 语言程序,求两个整数 987 与 654 之和。

第2章　数据类型与运算符

程序所能处理的基本数据对象被划分成一些组或一些集合。它们都采用同样的编码方式,对它们能做同样的操作。把程序中具有这样性质的集合,称为数据类型。CPU 对不同的数据类型提供了不同的操作指令。

在本章中,我们只介绍数据类型的说明。其他说明在以后各章中陆续介绍。所谓数据类型是按被定义变量的性质,表示形式,占据存储空间的多少,构造特点来划分的。在 C 语言中,数据类型可分为:基本数据类型、枚举类型、空类型和派生数据类型四大类。

C 语言允许使用的数据类型如图 2-1 所示,图中有 * 的是 C++所增加的。

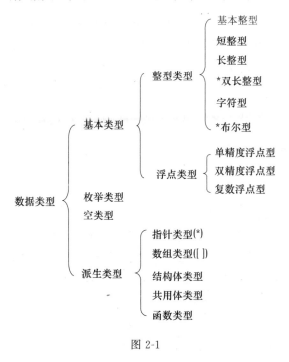

图 2-1

2.1　数据存储的原理

2.1.1　进制

进制也就是进位制,是人们规定的一种进位方法。对于任何一种进制——X 进制,就表示某一位置上的数运算时是逢 X 进一位。十进制是逢十进一,十六进制是逢十六进一,二进制就是逢二进一,以此类推,X 进制就是逢 X 进位。

进位制/位置计数法是一种计数方式,故亦称进位记数法/位值计数法,可以用有限的数字符号代表所有的数值。可使用数字符号的数目称为基数(en:radix)或底数,基数为 n,即可称 n 进位制,简称 n 进制。现在最常用的是十进制,通常使用 10 个阿拉伯数字 0~9 进行记数。

对于任何一个数,我们可以用不同的进位制来表示。比如:十进数 57(10),可以用二进制表示为 111001(2),也可以用五进制表示为 212(5),也可以用八进制表示为 71(8)、用十六进制表示为 39(16),它们所代表的数值都是一样的。

1. 二进制数

二进制数有两个特点:它由两个基本数字 0,1 组成,二进制数运算规律是逢二进一。

为区别于其他进制数,二进制数的书写通常在数的右下方注上基数 2,或加后面加 B 表示。

例如:

二进制数 10110011 可以写成(10110011)₂,或写成 10110011B,对于十进制数可以不加注。计算机中的数据均采用二进制数表示,这是因为二进制数具有以下特点:

(1)二进制数中只有两个字符 0 和 1,表示具有两个不同稳定状态的元器件。例如,电路中有、无电流,有电流用 1 表示,无电流用 0 表示。类似的还比如电路中电压的高、低,晶体管的导通和截止等。

(2)二进制数运算简单,大大简化了计算中运算部件的结构。

二进制数的加法和乘法运算如下:

$$0+0=0 \qquad 0+1=1 \qquad 1+0=1 \qquad 1+1=10$$
$$0\times0=0 \qquad 0\times1=0 \qquad 1\times0=0 \qquad 1\times1=1$$

但是,二进位制有个致命的缺陷,就是数字写出来特别长,如:把十进位制的 100000 写成二进位制就是 11000011010100000,所以计算机内还有两种辅助进位制:八进位制和十六进位制。二进位制写成八进位制时,长度只有二进位制的三分之一,把十进位制的 100000 写成八进位制就是 303240。十六进位制的一个数位可代表二进位制的四个数位。这样,十进位制的 100000 写成十六进位制就是 186A0。

2. 八进制数

由于二进制数据的基 R 较小,所以二进制数据的书写和阅读不方便,为此,在小型机中引入了八进制。八进制的基 $R=8=2^3$,有数码 0、1、2、3、4、5、6、7,并且每个数码正好对应三位二进制数,所以八进制能很好地反映二进制。八进制用下标 8 或数据后面加 O 表示。例如,二进制数据(11 101 010.010 110 100)₂ 对应八进制数据(352.264)₈ 或 352.264O。

3. 十进制数

人们通常使用的是十进制。它的特点有两个:有 0,1,2…9 十个基本数字组成,十进制数运算是按"逢十进一"的规则进行的。

在计算机中,除了十进制数外,经常使用的数制还有二进制数和十六进制数。在运算中它们分别遵循的是逢二进一和逢十六进一的法则。

4. 十六进制数

由于二进制数在使用中位数太长,不容易记忆,所以又提出了十六进制数。

十六进制数有两个基本特点:它由十六个字符 0～9 以及 A、B、C、D、E、F 组成(它们分别表示十进制数 10～15),十六进制数运算规律是逢十六进一,即基 $R=16=2^4$,通常在表示时用尾部标志 H 或下标 16 以示区别。

例如:十六进制数 4AC8 可写成 $(4AC8)_{16}$,或写成 4AC8H。

2.1.2　进制转换

1. 位权概念

对于形式化的进制表示,我们可以从 0 开始,对数字的各个数位进行编号,即个位起往左依次为编号 0,1,2,…对称的,从小数点后的数位则是 -1,-2,…

进行进制转换时,我们不妨设源进制(转换前所用进制)的基为 R_1,目标进制(转换后所用进制)的基为 R_2,原数值的表示按数位为 $A_n A_{(n-1)} \cdots A_2 A_1 A_0. A_{-1} A_{-2} \cdots$,$R_1$ 在 R_2 中的表示为 R,则有

$$(A_n A_{(n-1)} \cdots A_2 A_1 A_0. A_{-1} A_{-2} \cdots)$$
$$R_1 = (A_n * R^n + A_{(n-1)} * R^{(n-1)} + \cdots + A_2 * R^2 +$$
$$A_1 * R^1 + A_0 * R^0 + A_{-1} * R^{(-1)} + A_{-2} * R^{(-2)})R_2$$

举例:

一个十进制数 110,其中百位上的 1 表示 1 个 10^2,即 100,十位的 1 表示 1 个 10^1,即 10,个位的 0 表示 0 个 10^0,即 0。

一个二进制数 110,其中高位的 1 表示 1 个 2^2,即 4,低位的 1 表示 1 个 2^1,即 2,最低位的 0 表示 0 个 2^0,即 0。

一个十六进制数 110,其中高位的 1 表示 1 个 16^2,即 256,低位的 1 表示 1 个 16^1,即 16,最低位的 0 表示 0 个 16^0,即 0。

可见,在数制中,各位数字所表示值的大小不仅与该数字本身的大小有关,还与该数字所在的位置有关,我们称这关系为数的位权。

十进制数的位权是以 10 为底的幂,二进制数的位权是以 2 为底的幂,十六进制数的位权是以 16 为底的幂。数位由高向低,以降幂的方式排列。

2. 二进制数、十六进制数转换为十进制数

二进制数、十六进制数转换为十进制数的规律是相同的。把二进制数(或十六进制数)按位权形式展开多项式和的形式,求其最后的和,就是其对应的十进制数——简称"按权求和"。

例如:把 $(1001.01)_2$ 转换为十进制数。

解:$(1001.01)_2$

$= 1 \times 2^3 + 0 \times 2^2 + 0 \times 2^1 + 1 \times 2^0 + 0 \times 2^{-1} + 1 \times 2^{-2}$

$= 8 + 0 + 0 + 1 + 0 + 0.25$

$= 9.25$

把 $(38A.11)_{16}$ 转换为十进制数。

解：$(38A.11)_{16}$

$= 3 \times 16^2 + 8 \times 16^1 + 10 \times 16^0 + 1 \times 16^{-1} + 1 \times 16^{-2}$

$= 768 + 128 + 10 + 0.0625 + 0.0039$

$= 906.0664$

3. 十进制数转换为二进制数,十六进制数

整数转换:一个十进制整数转换为二进制整数通常采用除二取余法,即用 2 连续除十进制数,直到商为 0,逆序排列余数即可得到——简称"除二取余法"。

例:将 115 转换为二进制数。

```
2 | 115                115=1110011 B
2 |  57      余数1        最低位
2 |  28      余数1
2 |  14       0
2 |   7       0
2 |   3       1
2 |   1       1
      0       1          最高位
```

$115 = (1110011)_2$

同理,把十进制数转换为十六进制数时,将基数 2 转换成 16 就可以了。

例:将 115 转换为十六进制数。

```
16 | 115               115=73 H
16 |   7      余数3       最低位
       0      余数7       最高位
```

4. 二进制数与十六进制数之间的转换

由于 4 位二进制数恰好有 16 个组合状态,即 1 位十六进制数与 4 位二进制数是一一对应的。所以,十六进制数与二进制数的转换是十分简单的。

(1) 十六进制数转换成二进制数,只要将每一位十六进制数用对应的 4 位二进制数替代即可——简称"一位分四位"。

例:将 $(4AF8B)_{16}$ 转换为二进制数。

解: 4 A F 8 B

0100 1010 1111 1000 1011

所以 $(4AF8B)_{16} = (1001010111110001011)_2$

(2) 二进制数转换为十六进制数,从低位起,依次写出每组 4 位二进制数所对应的十六进制数——简称"四位合一位"。

例:将二进制数 $(111010110)_2$ 转换为十六进制数。

解: 0001 1101 0110

1 D 6

所以 $(111010110)_2 = (1D6)_{16}$

转换时注意最后一组不足 4 位时必须加 0 补齐 4 位。

由于 3 位二进制数恰好有 8 个组合状态,即 1 位八进制数与 3 位二进制数是一一对应的。所以,八进制数与二进制数的转换方法与十六进制数与二进制数的转换方法原理相同,只需要把每 4 位一组转换成每 3 位一组即可。

2.1.3　原码、反码、补码

数据在内存中的存储形式称为机器码,机器码所表示的实际值称为真值。

(1) 有符号整数的存储

下面以在内存中占两个字节的整数为例来介绍有符号整数在内存中的存储。当存储有符号数时,2 个字节的最高位为符号位(0 表示非负数,1 表示负数),其余位是数据位。计算机中有符号整数的存储是以补码形式存储的。一个整数有以下 3 种编码。

原码。原码是符号位数码化了的二进制。十进制整数数码化为原码的方法是首先把十进制整数转换成二进制,然后将数据位在高位用 0 补足 15 位,最高位添上符号位。

例如：　　　　　十进制数 369 的原码为:0000000101110001

十进制数－369 的原码为:1000000101110001

反码。对正数而言,原码即为反码;对负数而言,反码是将原码中除符号位以外的其余位依次取反,即将 0 变成 1,将 1 变成 0。

例如：

十进制数 369 的反码为(同原码):0000000101110001

十进制数－369 的反码为:1111111010001110

补码。对正数而言,原码即为补码;对负数而言,补码是在反码的基础上加 1。在求补码过程中符号位不发生变化,当数据位的最高位有进位时,舍弃进位。

例如：

十进制数 369 的反码为(同原码):0000000101110001

十进制数－369 的补码为:1111111010001111

下面简单介绍一下补码的运算规则。假定 X、Y 代表两个整数,则:

$$[X+Y]_{补}=[X]_{补}+[Y]_{补}$$

$$[X-Y]_{补}=[X]_{补}-[Y]_{补}$$

(2) 无符号整数的存储

假定使用 2 个字节存储无符号整数。无符号整数存储时两个字节的 16 位全部都是数据位。运算规则是将某一无符号整数用二进制表示,然后在高位用 0 补足 16 位数据位。其表示的数的范围为 0～65535($2^{16}-1$)。

例如：

无符号整数 136 的存储形式为:0000000010001000。

其中 136 的二进制形式为 10001000,占 8 位,则高位全部用 0 补足剩余的 8 位,共 16 位。

如果某无符号整数占 4 个字节存储的话,则 32 位二进制均为数据位,其表示的数的范围为 0～4294967295($2^{32}-1$)。

2.2　常量和变量

在计算机高级语言中,数据有两种表现形式:常量和变量。

2.2.1 常量

在程序运行过程中,其值不能被修改的量称为常量。换言之,常量虽然是为了硬件、软件、编程语言服务,但是它并不是因为硬件、软件、编程语言而引入。

常量区分为不同的类型,常用的常量有以下几类:

(1) **整型常量**。如 25、0、−8 为整型常量。

(2) **实型常量**。也称为浮点常量,有两种表示形式:

① 十进制小数形式。由数字 0~9 和小数点组成。如 0.0、0.567、.100、59.0、500.、−217.890 等均为合法的实型常量。

② 指数形式。指数形式的实型常量是用价码标志 e 或 E 将尾数和价码左右相连来表示的。其一般形式为 aEn,表示的数据值为 $a×10^n$,其中 a 为尾数,可以是整数常量,也可以是小数形式的实型常量;n 为价码,价码必须是整型常量。a 和 n 都不能省略。如 $5.4×10^3$ 可以表示为 5.4e3、54E2 等。

(3) **字符常量**。有两种形式的字符常量:

① 普通字符。用单撇号括起来的一个字符,如:'a' 'Z' '!' '8'为字符常量。注意:单撇号只是界限符,字符常量只能是一个字符,不包括单撇号。字符常量存储在计算机存储单元中时,并不是存储字符本身,而是以其代码(一般采用 ASCII 代码)存储的,例如字符'B'的 ASCII 代码是 66,因此,在存储单元中存放的是 66(以二进制形式存放)。ASCII 字符与代码对照表见附录 A。

在 C 语言中,字符常量有以下特点:

- 字符常量只能用单引号括起来,不能用双引号或其他括号。
- 字符常量只能是单个字符,不能是字符串。
- 字符可以是字符集中任意字符。但数字被定义为字符型之后就不能参与数值运算。如'5'和 5 是不同的。'5'是字符常量,不能参与数值运算。

② 转义字符。转义字符是一种特殊的字符常量。转义字符以反斜线"\"开头,后跟一个或几个字符。转义字符具有特定的含义,不同于字符原有的意义,故称"转义"字符。例如,在前面各例题 printf 函数的格式串中用到的"\n"就是一个转义字符,其意义是"回车换行"。转义字符主要用来表示那些用一般字符不便于表示的控制代码。常用的转义字符及其含义如表 2-1 所示。

表 2-1　转义字符及其含义

转义字符	字符值	输出结果
\'	一个单撇号	具有此八进制码的字符
\"	一个双撇号	输出此字符
\?	一个问号	输出此字符
\\	一个反斜线	输出此字符

转义字符	字符值	输出结果
\a	警告	产生声音或视觉信号
\b	退格	将当前位置后退一个字符
\f	换页	将当前位置移到下一页的开头
\n	换行	将当前位置移到下一行的开头
\r	回车	将当前位置移到本行的开头
\t	水平制表符	将当前位置移到下一个 tab 位置
\v	垂直制表符	将当前位置移到下一个垂直制表对齐点
\o、\oo 或\ooo	与该八进制码对应的 ASCII 码字符	与该八进制码对应的字符
\xh[h…]	与该十六进制码对应的 ASCII 码字符	与该十六进制码对应的字符

（4）**字符串常量**。字符串常量是由一对双引号括起的字符序列。例如："H""CHINA""C program""＄12.5"等都是合法的字符串常量。

字符串常量和字符常量是不同的量。它们之间主要有以下区别：

① 字符常量由单引号括起来,字符串常量由双引号括起来。

② 字符常量只能是单个字符,字符串常量则可以含一个或多个字符。

③ 可以把一个字符常量赋予一个字符变量,但不能把一个字符串常量赋予一个字符变量。在 C 语言中没有相应的字符串变量,但是可以用一个字符数组来存放一个字符串常量。

④ 字符常量占一个字节的内存空间。字符串常量占的内存字节数等于字符串中字节数加 1。增加的一个字节中存放字符"\0"（ASCII 码为 0）。这是字符串结束的标志。

（5）**符号常量**。在 C 语言中,可以用一个标识符来表示一个常量,称为符号常量。符号常量在使用之前必须先定义,其一般形式为

＃define　标识符　常量

例如：＃define　PI　3.14159

其中＃define 也是一条预处理命令（预处理命令都以"＃"开头）,称为宏定义命令,其功能是把该标识符定义为其后的常量值。一经定义,以后在程序中所有出现该标识符的地方均代之以该常量值。习惯上符号常量的标识符用大写字母,变量标识符用小写字母,以示区别。

注意：要区分符号常量和变量,不要把符号常量误认为变量。符号常量不占用内存空间,只是一个临时符号,在预编译时就全部由符号常量的值替换了,故不能对符号常量赋以新值。而变量占用内存空间,只是此变量在存在期间不能重新赋值。为与变量名相区别,习惯上符号常量用大写表示,如 PI、SCORE 等。

2.2.2 变量

1. 变量的基本知识

变量代表一个有名字的、具有特定属性的一个存储单元。它用来存放数据，也就是存放变量的值。在程序运行期间，变量的值是可以改变的。

变量必须先定义，后使用。在定义时指定该变量的名字和类型。一个变量应该有一个名字，以便被引用。变量名实际上是以一个名字代表的一个存储地址。在对程序编译连接时由编译系统给每一个变量名分配对应的内存地址。从变量中取值，实际上是通过变量名找到相应的内存地址，从该存储单元中读取数据。

2. 变量的定义

变量定义的一般形式为

类型说明符　变量名表列；

类型说明符说明了变量名表列中变量的类型，确定了变量在内存中所占的字节数及其存储方法。程序中使用变量名访问变量所占内存空间中的数据。如：

int a,b;

表示定义变量 a、b 为整型变量，分别分配 2 个字节的存储空间。

定义变量时应注意以下几点：

(1) 函数内变量的定义应该位于函数体的数据描述部分。

(2) 各基本数据的类型标识符有 int、float、double、char；类型修饰符有 long、short 和 unsigned。类型修饰符位于类型标识符之前，用空格分隔。

(3) 变量名表列是所定义变量的变量名，如果同时定义多个同一类型变量，变量名中间用","作为分隔符构成变量名表列。

(4) 类型说明符和变量名表列用空格分隔，变量定义的结束符是分号。

例如：

```
int a,b,c;            //定义了三个 int 变量,变量名是 a,b 和 c
float x;              //定义了一个 float 变量,变量名是 x
double y;             //定义了一个 double 变量,变量名是 y
char c;               //定义了一个 char 变量,变量名是 c
```

3. 变量的初始化

变量在使用前应该有确定的值，即必须先定义，后使用。C 程序中可有多种方法为变量提供初值。

在对变量进行定义的同时，可以给变量赋初值，这种方法称为初始化。在变量定义中赋初值的一般形式为

类型说明符　变量名 1＝值 1,变量名 2＝值 2,…；

例如：

```
int a = 8;            //初始化变量 a 为 8
float x = 9.8,y = 6.4e10;  //初始化变量 x 为 9.8,y 为 6.4×10^10
```

4．不同类型变量的说明

（1）整型变量

整型变量的各种类型、ANSI C 中各类整型变量的类型说明符、各种类型整型变量所分配的内存字节数及数据取值范围，如表 2-2 所示。

表 2-2　ANSI C 中各类整型变量情况说明

类型说明符	所占字节数	取值范围
int	2	−32768～32767
unsigned int	2	0～65535
short int	2	−32768～32767
unsigned short int	2	0～65535
long int	4	−2147483648～2147483647
unsigned long int	4	0～4294967295

例如：

```
int x,y;                    //定义整型变量 x,y
unsigned long int a,b       //定义无符号长整型变量 a,b
```

（2）浮点变量

浮点变量分为单精度浮点型和双精度浮点型两类。单精度浮点型类型说明符为 float，双精度浮点型类型说明符为 double。在 ANSI C 中单精度浮点型占 4 个字节内存空间，表示的数值范围为 $|3.4E-38|$～$|3.4E+38|$，只能提供 6～7 位有效数字。双精度浮点型占 8 个字节内存空间，表示的数值范围为 $|1.7E-308|$～$|1.7E+308|$，可提供 15～16 位有效数字。

例如：

```
float x,y;                  //定义单精度浮点型变量 x,y
double a,b;                 //定义双精度浮点型变量 a,b
```

（3）字符型变量

字符型变量分为有符号字符型和无符号字符型两类，有符号字符类型说明符为 char，无符号字符类型说明符为 unsigned char。字符型变量都占 1 个字节的内存空间，有符号字符类型表示的数值范围为 −128～127，无符号字符类型表示的数值范围为 0～255。无论是有符号字符还是无符号字符在存储的时候存储的都是该字符的 ASCII 码值。

例如：

```
char ch1,ch2;               //定义有符号字符型变量 ch1,ch2
unsigned char ch3,ch4;      //定义无符号字符型变量 ch3,ch4
```

2.3　关键字和标识符

2.3.1　关键字

关键字是由 C 语言规定的具有特定意义的字符串，通常也称为保留字。用户定义的标识符不应与关键字相同。C 语言的关键字分为以下几类：

（1）类型说明符

用于定义、说明变量、函数或其他数据结构的类型，如 int，double 等。

（2）语句定义符

用于表示一个语句的功能，如 if else 就是条件语句的语句定义符。

（3）预处理命令字

用于表示一个预处理命令，如 include。

C 语言简洁、紧凑，使用方便、灵活。ANSI C 标准 C 语言共有 32 个关键字（见附录 B），9 种控制语句，程序书写形式自由，区分大小写。把高级语言的基本结构和语句与低级语言的实用性结合起来。

2.3.2 标识符

在计算机高级语言中，用来对变量、符号常量名、函数、数组、类型等命名的有效字符序列统称为标识符。简单地说，标识符就是一个对象的名字。前面用到的变量名，符号常量名，函数名等都是标识符。

C 语言规定标识符只能由字母（A～Z，a～z）、数字（0～9）和下划线（_）3 种字符组成，且第一个字符必须为字母或下划线。下面列出的是合法的标识符，可以作为变量名：

Sum，average，_total，Class，day，month，Student_name，lotus_4_5_6，BASIC，li_ning

下面是不合法的标识符和变量名：

M. D. Mike，￥456，♯66，5B34，a＜b

注意：在使用标识符时还必须注意以下几点：

（1）标准 C 不限制标识符的长度，但它受各种版本的 C 语言编译系统限制，同时也受到具体机器的限制。例如在某版本 C 语言中规定标识符前八位有效，当两个标识符前八位相同时，则被认为是同一个标识符。

（2）在标识符中，大小写是有区别的。例如 BOOK 和 book 是两个不同的标识符。

（3）标识符虽然可由程序员随意定义，但标识符是用于标识某个量的符号。因此，命名应尽量有相应的意义，以便于阅读理解，做到"顾名思义"。

C 语言中把标识符分为三类：关键字、预定义标识符、用户自定义标识符。

关键字就是已被 C 语言本身使用，不能作其他用途使用的字，不可以作为用户标识符号。

预定义标识符是 C 语言中标识符三种中的一种，在 C 语言中有特定的含义。如函数"printf"是"格式输出"的英语全称加缩写。预定义标识符是 C 语言中系统预先定义的标识符，如系统类库名、系统常量名、系统函数名。预定义标识符具有见字明义的特点，如函数"格式输出"（英语全称加缩写：printf）、"格式输入"（英语全称加缩写：scanf）、sin、isalnum 等等。预定义标识符可以作为用户标识符使用，只是这样会失去系统规定的原意，使用不当还会使程序出错。

用户标识符是用户根据需要自己定义的标识符。一般用来给变量、函数、数组等命名。用户标识符如果与关键字相同，则编译时会出错；如果与预定义标识符相同，编译时不会出错,但预定义标识符的原意失去了,或会导致结果出错,因此预定义标识符一般不用来作为用户标识符。

2.4　运算符和表达式

运算时对数据进行加工的过程,描述各种不同运算的符号称为运算符。参与运算的数据称为运算对象或操作数,也称"目"。用运算符将运算对象连接起来的符合 C 语言语法规则的式子称为 C 语言表达式。

2.4.1　算术运算符与表达式

1. 算术运算符
C 语言提供的基本算术运算符有:
＋　正号运算符(单目运算符)
－　负号运算符(单目运算符)
＋　加法运算符
－　减法运算符
＊　乘法运算符
／　除法运算符
％　求余运算符
算术运算符是双目运算,即必须有两个运算对象才可以运算。

2. 算术表达式
用算术运算符和括号( )运算符将运算对象连接起来的符合 C 语言规则的式子,称为算术表达式。

3. 自增、自减运算符
作用是使变量的值加 1 或减 1,例如:
＋＋i,－－i　　(在使用 i 之前,先使 i 的值加(减 1))
i＋＋,i－－　　(在使用 i 之后,使 i 的值加(减 1))
粗略地看,＋＋i 和 i＋＋的作用相当于 i＝i+1。但＋＋i 和 i＋＋的不同之处在于＋＋i 是先执行 i＝i+1 后,再使用 i 的值;而 i＋＋是先使用 i 的值后,再执行 i＝i+1。如果 i 的原值等于 5,请分析下面的赋值语句:
j＝＋＋i;　　(i 的值先变成 6,再赋给 j,j 的值为 6)
j＝i＋＋　　(先将 i 的值 5 赋给 j,j 的值为 5,然后 i 变为 6)
又例如:
i＝5;
printf("%d ",＋＋i);
输出 6。若改为
printf("%d\n ",i＋＋);

则输出 5。

  注意：自增运算符(＋＋)和自减运算符(－－)只能用于变量，而不能用于常量或表达式，如 8＋＋或(a＋b)＋＋都是不合法的。因为 8 是常量，常量的值不能改变。(a＋b)＋＋也不可能实现，假如 a＋b 的值为 8，那么自增后得到的 9 放在什么地方呢？无变量可供存放。

  自增(减)运算符常用于循环语句中，使循环变量自动加 1；也可用于指针变量，使指针指向下一个地址。这些将在以后的章节中介绍。

  使用＋＋和－－运算符时，常常会出现一些人们想不到的副作用，如 i＋＋＋j，是理解为(i＋＋)＋j 呢？还是 i＋(＋＋j)？为避免二义性，应当采用不致引起歧义的写法，可以加一些"不必要"的括号，如(i＋＋)＋j。

2.4.2　运算符的优先级与结合性

  运算符＋、－的优先级相同，*、/、％的优先级相同且高于＋、－运算符，类似于数学中的先乘除后加减。

  C 语言除了规定了运算符的优先级外，还规定了运算符的结合性。算术运算符都是左结合的运算符。"－"作为负号运算符时是右结合性的。

2.4.3　赋值运算符与表达式

1. 赋值运算符和赋值表达式

  C 语言的赋值运算符是"＝"，赋值运算符是双目运算符，优先级仅高于逗号运算符，是右结合性的。

  由赋值运算符构成的赋值表达式为

变量＝确定的值

  赋值运算符左侧的变量是指能够表示变化的量的任意的存储单元。如变量、数组元素、结构体成员、共用体成员等。本章为了便于描述，把赋值号左侧的运算对象写为变量。

  赋值表达式的含义是将确定的值赋值给变量，即将确定的值按变量定义的类型存储到给变量分配的内存空间去。

  赋值表达式会得到两个值。一个是赋值运算符左侧变量的值；另一个是赋值表达式本身的值，赋值表达式的值与变量的值是相同的。在 C 语言中赋值表达式是有值表达式，这一点和其他的高级语言是不同的。既然赋值表达式是有值表达式，那么赋值表达式就可以作为一个运算对象参与其他表达式的运算。

  例如：

x＝a＋b

w＝sin(a)＋sin(b)

y＝i＋＋＋－－j

  赋值表达式的功能是计算表达式的值再赋予左边的变量。赋值运算符具有右结合性。

因此

  a＝b＝c＝5

可理解为

  a＝(b＝(c＝5))

2. 复合的算术赋值运算符和复合的算术赋值表达式

  在赋值运算符"＝"前加上其他的运算符,可以构成复合的赋值运算符。如在"＝"前加上"＋"运算符就构成了"＋＝"运算符。

  C 语言提供了 5 种复合的算术赋值运算符,分别是＋＝、－＝、*＝、/＝、%＝,复合的算术赋值运算符是双目运算符,优先级和赋值运算符相同,也是右结合性的。

  复合的算术赋值运算符构成的复合算术赋值表达式为

变量　复合的算术赋值运算符　确定的值

复合算术赋值表达式等效于:

变量＝变量　算术运算符　确定的值

  例如:

x＋＝10   等效于 x＝x＋10

a＊＝b＋25   等效于 a＝a＊(b＋25)

s%＝p   等效于 s＝s%p

  复合的算术赋值运算符这种写法,对初学者可能不习惯,但十分有利于编译处理,能提高编译效率并产生质量较高的目标代码。例如表达式:

a＋＝a－＝a＊＝a＝5

  该表达式等效于表达式:

a＋＝(a－＝(a＊＝(a＝5)))

2.4.4　逗号运算符与表达式

  在 C 语言中逗号","也是一种运算符,称为逗号运算符。逗号运算符的优先级是最低的。其功能是把两个表达式连接起来组成一个表达式,称为逗号表达式。

  逗号表达式的一般形式是:

表达式 1,表达式 2

  逗号表达式的运算过程是顺序运算表达式 1、表达式 2 的值,并以表达式 2 的值作为整个逗号表达式的值。

  例如:

```
＃include＜stdio.h＞
void main()
{
    int a＝3,b＝4,c＝5,x,y;
    y＝((x＝a＋b),(b＋c));
```

```
    printf("x = % d,y = % d",x,y);
}
```

运行结果：

x = 7,y = 9

本例中的 x 等于 7,y 是逗号表达式"(x=a+b),(b+c)"的值 9。如果把"y=((x=a+b),(b+c))"写为"y=(x=a+b),(b+c)",则 y 的值为 7,该逗号表达式的值依然是 9。

2.5 不同类型数据间的转换

1. 自动类型转换

在 C 语言中,自动类型转换遵循以下规则：

(1) 若参与运算量的类型不同,则先转换成同一类型,然后进行运算。

(2) 转换按数据长度增加的方向进行,以保证精度不降低。如 int 型和 long 型运算时,先把 int 量转成 long 型后再进行运算。

① 若两种类型的字节数不同,转换成字节数高的类型。

② 若两种类型的字节数相同,且一种有符号,一种无符号,则转换成无符号类型。

(3) 所有的浮点运算都是以双精度进行的,即使仅含 float 单精度量运算的表达式,也要先转换成 double 型,再作运算。

(4) char 型和 short 型参与运算时,必须先转换成 int 型。

(5) 在赋值运算中,赋值号两边量的数据类型不同时,赋值号右边量的类型将转换为左边量的类型。如果右边量的数据类型长度比左边长时,将丢失一部分数据,这样会降低精度,丢失的部分按四舍五入向前舍入。

转换规则可参照图 2-2 进行。

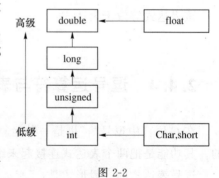

图 2-2

2. 强制类型转换

编写程序时,可以利用强制类型转换运算符将一个表达式的值转换成所需类型,这种强制类型转换操作并不改变操作数本身。强制转换的格式如下：

(类型名)(表达式)

例如：

(float)a (将 a 转换成 float 型,注意不能写成 float(a))

(int)3.45 (将 3.45 转换成 int 型)

(double)(7%6) (将 7%6 的值转换成 double 型)

(float)(x+y) (将 x+y 的值转换成 float 型,注意不能写成(float)x+y)

习　题

1. C 语言中常见的数据类型有哪些？

2. 什么是常量？什么是变量？

3. C 语言中常用的变量类型有哪些？

4. 将下列十进制数转换成二进制数，再转换成八进制和十六进制数。

(1) 84　　(2) 100　　(3) 1024

5. 把下列各进制数分别转换成对应的十进制数。

(1) $(1011111)_2$　　(2) $(17)_8$　　(3) $(1A7E)_{16}$

第3章 顺序结构程序设计

3.1 数据的输入和输出

几乎每一个 C 程序都包含输入/输出语句,因为要进行运算,就必须给出数据,而运算的结果必须输出,没有输出的程序是没有意义的。

(1) 输入/输出是以计算机为主体而言的。把数据从计算机内部送到计算机外部设备(如显示器、打印机等)上的操作称为"输出"。从计算机外部设备将数据送入计算机内部的操作称为"输入"。

(2) C 语言本身无输入/输出语句,数据的输入/输出操作是通过调用 C 标准库函数提供的输入和输出函数来实现。例如,输出函数 printf( )和输入函数 scanf( ),printf 和 scanf 不是 C 语言的关键字,而是标准库函数名,用来实现输入/输出的功能。

C 语言标准函数库中提供了一些标准输入/输出函数,其中有:putchar(输出字符)、get-char(输入字符)、printf(格式输出)、scanf(格式输入)、puts(输出字符串)、gets(输入字符串)等。

(3) 在使用标准库函数时,要在程序文件的开头用预处理命令把有关的文件放在本程序中:

$$\# \text{ include } <\text{stdio. h}>$$

或:

$$\# \text{ include "stdio. h"}$$

#include 指令都放在程序文件的开头,因此这类文件称为头文件。"stdio. h"头文件包含了与标准输入/输出库有关的变量定义和宏定义,以及对函数的声明。在程序进行编译预处理时,系统将 stdio. h 头文件的内容调取出来放在此文件该位置,取代本行的 #include 指令,这样在本程序模块中就可以使用这些内容了。

注意:只要在本程序文件中使用标准输入/输出库函数时,都要加上 #include <stdio. h> 命令。

3.1.1 格式化输出函数 printf

C 程序中用于实现输入/输出的,主要是 printf 函数和 scanf 函数。这两个函数是格式化输入/输出函数,用这两个函数时,必须指定输入/输出数据的格式,即根据数据的不同类型指定不同的格式。

printf 函数(格式化输出函数)用来向终端(或系统隐含指定的输出设备)输出若干个任意类型的数据。

1. printf 函数的一般格式

printf 函数的一般格式为

$$printf("格式控制",输出表列);$$

例如:

printf("%d,%c\n",i,c);

括号内包括两部分:

(1)"格式控制"是用双撇号括起来的一个字符串,称"**转换控制字符串**",简称"**格式字符串**"。它包括两个信息:

格式声明:由"%"和格式字符组成,如%d、%f 等。它的作用是将输出的数据转换为指定的格式然后输出。格式声明总是由"%"字符开始的。

普通字符:即在输出时**原样输出**的字符。例如 printf 函数中双撇号内的逗号、空格和换行符,也可以包括其他字符。

(2)"输出表列"是程序需要输出的一些数据,可以是常量、变量或是表达式。例如:

printf("%d,%d\n", a , b);

　　　　　格式声明　输出表列

printf("a=%d , b=%d\n", a,　 b);

　　　　　格式声明　　　输出表列

在第二个 printf 函数中的双撇号内的字符,除了两个"%d"以外,还有非格式声明的普通字符(如 a=,b=,','和'\n'),他们全部按原样输出。如果 a 和 b 的值分别为 3 和 4,则输出为

$$a=3 , b=4$$

执行'\n'使输出控制移动到下一行的开头,从显示屏幕上可以看到光标移到下一行的开头。

由于 printf 是函数,因此,"格式控制"字符串和"输出表列"实际上都是函数的参数。printf 函数的一般形式可以表示为

$$printf(参数 1,参数 2,参数 3,…… ,参数 n);$$

参数 1 表示是格式控制字符串,参数 2～参数 n 是需要输出的数据。执行 printf 函数时,将参数 2～参数 n 按参数 1 所指定的格式进行输出。参数 1 是必须有的。参数 2～参数 n 是可选的。

2. 格式字符

在输出时,对不同类型的数据要指定不同的格式声明,而格式声明中最重要的内容是格式字符。常用的有以下几种格式字符。

(1)d 格式符

用来输出一个带符号的十进制整数。在输出时,按十进制整型数据的实际长度输出,正数的符号不输出。

可以在格式声明中指定输出数据的**域宽**(所占的列数),如"%5d"指定输出数据占 5 列,输出的数据右对齐方式显示在 5 列数据区域中。如:

```
printf("%5d\n%5d\n",89,-123);
```

输出结果为

```
   89          (89 前面有 3 个空格)
 -123          (-123 前面有 1 个空格)
```

若输出 long(长整型)数据,在格式符 d 前加字母 l(代表 long),即"%ld"。若输出 long long(双长整型)数据,在格式符 d 前加两个字母 ll(表示 long long),即"%lld"。

(2)c 格式符

用来输出一个字符。例如:

```
char ch = 'a';
printf("%c",ch);
```

运行时输出:

```
        a
```

也可以指定域宽,如

```
printf("%5c",ch);
```

运行时输出:

```
        a     (a 前面有 4 个空格)
```

一个整数,如果在 0～127 范围中,也可以使用"%c"使之按字符形式输出,在输出前,系统会将该整数作为 ASCII 码转换成相应的字符;如:

```
int a = 121;
printf("%c",a);
```

输出字符'y'。如果整数比较大,则把它的最后一个字节的信息以字符形式输出。如:

```
int a = 377;
printf("%c",a);
```

也输出字符'y',如图 3-1 所示。因为用%c 格式输出时,只考虑一个字节,存放 a 的存储单元中最后一个字节的信息是 01111001,即十进制的 121,它是'y'的 ASCII 代码。

(3)s 格式符

用来输出一个字符串。如:

00000001	01111001

图 3-1

```
printf("%s","China ");
```

输出字符串"China "。

(4)f 格式符

用来输出实数(包括单精度、双精度、长双精度),以小数形式输出,有几种用法:

① **基本型,用%f**

不指定输出数据的长度,由系统根据数据的实际情况决定数据所占的列数。系统处理的方法一般是:实数中的整数部分全部输出,小数部分输出 6 位。如:

```
double a = 1.0;
printf("%f\n",a/3);
```

运行结果：

0.333333

a 是双精度型,a/3 的结果也是双精度型,但是用%f 格式声明只能输出 6 位小数。

② 指定数据宽度和小数位数,用%m.nf

例:

```
double x = -1.5678;
printf("x = %7.2f\n",x1);
```

运行结果：

　　-1.57　　(前面有 2 个空格)

"%7.2f "格式指定了输出的数据占 7 列,其中包括 2 位小数。对第 3 位小数位采用四舍五入方法处理。如果把小数部分 n 指定为 0,则不仅不输出小数,而且小数点也不输出。例:

```
double x = -1.5678;
printf("x = %7.0f\n",x);
```

运行结果：

　　　　-2　　(前面有 5 个空格)

③ **输出的数据向左对齐,用%-m.nf**

在 m.n 前面加一个负号,其作用与%m.nf 形式作用基本相同,但当数据长度不超过 m 时,数据左对齐,右端补空格。如:

```
double x = -1.5678;
printf("x = %-7.2f, x = %7.2f \n",x,x);
```

运行结果：

-1.57　　,　　-1.57

第 1 次输出 x 时输出结果左对齐,右端补 2 列空格。第 2 次输出 x 时输出结果右对齐,左端补 2 列空格。

（5）e 格式符

用格式声明 %e 指定以**指数形式**输出实数。如果不指定输出数据所占的宽度和数字部分的小数位数,许多 C 编译系统(如 Visual C++)会自动给出数字部分的小数位数为 6 位,指数部分占 5 列,数值按标准化指数形式输出(即小数点前必须有而且只有 1 位非零数字)。例如:

```
printf("%e",123.456);
```

输出结果：

　　　　1.234560 e+002
　　　　‾‾‾‾‾‾‾ ‾‾‾‾‾
　　　　　6 列　　5 列

所输出的实数固定共占 13 列宽度。

也可以用"%m.ne"形式的格式声明,如:

```
printf("%13.2e",456.789);
```

输出结果：

　　　　4.57e+002　　(数的前面有 4 个空格)

格式符 e 也可以写成大写 E 形式,此时输出的数据中的指数不是以小写字母 e 表示而以大写字母 E 表示,如 1.23460E+002。

以上几种输出格式是常用的输出格式,在以后各章中会结合实际问题加以具体应用。

C 语言还提供以下几种输出格式符:

(1)**i 格式符**。作用与 d 格式符相同,按十进制整型数据的实际长度输出。一般习惯用%d。

(2)**o 格式符**。以八进制整数形式输出。将内存单元中的各位的值按八进制形式输出。因此输出的数值不带符号,即将符号也一起作为八进制数的一部分输出。例如:

```
int a = -1;
printf("%d\t%o\n",a,a);
```

-1 在内存单元中的存放形式(以补码形式存放在 4 个字节)如图 3-2 所示。

11111111	11111111	11111111	11111111

图 3-2

运行结果:

    -1   37777777777

用%d(十进制整数形式)输出 a 时,得到-1,按%o 输出时,按内存单元中实际的二进制数按三位一组构成八进制数形式,如上面的 32 个二进位从右至左每三位为一组:

二进制数 111 就是八进制数 7,因此上面的数用八进制数表示为 37777777777。八进制整数是不会带负号的,用%o 格式声明可以得到存储单元中实际的存储情况。

(3)**x 格式符**。以十六进制数形式输出整数。例如:

```
int a = -1;
printf("%d\t%o\t%x\n",a,a,a);
```

输出结果: -1   37777777777   ffffffff

同样可以用"%lx"输出长整型数,也可以指定输出字段的宽度,如"%12x"

(4)**u 格式符**。以无符号十进制整数形式输出。

(5)**g 格式符**。用来输出浮点数,系统自动选 f 格式或 e 格式输出,选择其中长度较短的格式,不输出无意义的 0。如:

```
double a = 123.456;
printf("%f\t%e\t%g\n",a,a,a);
```

输出结果:

    123.456000   1.234560e+002   123.456

综上所述,格式声明的一般形式可以表示为

        %   附加字符   格式字符

printf 函数中用到的格式字符,如表 3-1 所示。

表 3-1　printf 函数中的格式字符

格式字符	说　　明
d,i	以带符号的十进制形式输出整数(正数不输出符号)
o	以八进制无符号形式输出整数(不输出前导符 0)
x,X	以十六进制无符号形式输出整数(不输出前导符 0x),用 x 则输出十六进制数的 a～f 时以小写形式输出,用 X 时,则以大写字母输出
u	以无符号十进制形式输出整数
c	以字符形式输出,只输出一个字符
s	输出字符串
f	以小数形式输出单、双精度数,隐含输出 6 位小数
e,E	以指数形式输出实数,用 e 时指数以"e"表示(如 1.234560e＋002),用 E 时指数以"E"表示(如 1.234560E＋002)
g,G	选用％f 或％e 格式中输出宽度较短的一种形式,不输出无意义的 0

格式声明中,在％和上述格式字符间可以插入表 3-2 中列出的几种"**附加字符**",又称为"**修饰符**",起补充声明的作用。

表 3-2　printf 函数中的附加字符

格式字符	说　　明
l	用于长整型整数,可加在格式符 d、o、x、u 前面
m(一个正整数)	数据输出宽度
n(一个正整数)	对实数,表示输出 n 位小数;对字符串,表示截取字符个数
—	输出的数字或字符在域内左对齐

说明:

(1) printf 函数输出时,务必注意输出对象的类型应与上述格式说明匹配,否则将会出现错误。

(2) 除了 X,E,G 外,其他格式字符必须用小写字母,如％d 不能写成％D。

(3) 可以在 printf 函数中的"格式控制字符串"内包含转义字符,如"\n","\t","\b","\r","\f"和"\377"等。

(4) 表 3-1 中所列出的字母 d,i,o,x,u,c,s,f,e,g,X,E 和 G 等,如用在"格式声明"中就作为格式字符。一个格式声明以"％"开头,以上述 13 个格式字符之一为结束,中间可以插入附加格式字符(也称修饰符)。例如:

printf(" c=%c f=%f s=%s ", c, f, s);
　　　　格式声明

第一个格式声明为"％c";第二个格式声明为"％f";第三个格式声明为"％s",其他字符都是在输出时按原样输出的普通字符。

(5) 如果想输出字符"％"，应该在"格式控制字符串"中用连续两个"％"表示，如：

printf("％f％％\n",1.0/3);

输出结果：

0.333333％

实现了输出"％"符号。

3.1.2 字符数据输出函数 putchar

除了可以用 printf 函数和 scanf 函数输出和输入字符外，C 函数库还提供了一些专门用的输入和输出字符的函数。

可以调用系统函数库中的 putchar 函数（字符输出函数），用于向显示器输出一个字符。

putchar 函数的一般形式为

putchar(c);

putchar 是 put character(给字符)的缩写，putchar(c)的作用是输出字符变量 c 的值，即一个字符。

例 3.1 先后输出 BOY 三个字符。

解题思路：定义 3 个字符变量，分别赋以初值'B'、'O'、'Y'，然后用 putchar 函数输出这三个字符变量的值。

编写程序：

```
#include<stdio.h>
int main()
{
    char a = 'B',b = 'O',c = 'Y';   //定义三个字符变量并初始化
    putchar(a);                     //向显示器输出字符 B
    putchar(b);                     //向显示器输出字符 O
    putchar(c);                     //向显示器输出字符 Y
    putchar('\n');                  //向显示器输出一个换行符
    return 0;
}
```

运行结果：

BOY

连续输出 B、O、Y 三个字符，然后换行。

如果把程序 3.1 中的字符变量定义改为

char a = 66,b = 78,c = 89;

请思考输出结果。

从前面的介绍已知：字符类型也属于整型类型，因此将一个字符赋给字符变量和将字符的 ASCII 代码值赋给字符变量作用是完全相同的（但应注意，整型数据应在 0~127 的范围内）。putchar 函数是输出字符的函数，它输出的是字符而不能输出整数。65 是字符 A 的 ASCII 代码，因此，putchar(65)输出字符 A，其他类似。

说明：putchar(c)中的 c 可以是字符常量、整型常量、字符变量或整型变量(其值在字符的 ASCII 代码范围内)。

可以用 putchar 函数输出转义字符,例如：

    putchar('\101 ')　　(输出字符 A)

    putchar('\' ')　　(输出单撇号字符')

3.1.3　格式化输入函数 scanf

scanf 函数(格式化输入函数)用来从键盘等输入设备输入指定类型的数据。

1. scanf 函数的一般形式

    scanf("格式控制",地址表列);

"格式控制"的含义同 printf 函数。"地址表列"是由若干个地址组成的表列,可以是变量的地址,或字符串的首地址。

2. scanf 函数中的格式声明

与 printf 函数中的格式声明相似,以％开始,以一个格式字符结束,中间可以插入附加字符。

表 3-3 中列出了 scanf 函数所使用的格式字符,它们的用法和 printf 函数中的用法差不多。

表 3-3　scanf 函数中的格式字符

格式字符	说　　明
d,i	用来输入带符号的十进制整数
o	用来输入无符号的八进制整数
x,X	用来输入无符号的十六进制整数(大小写作用相同)
u	用来输入无符号的十进制整数
c	用来输入单个字符
s	用来输入字符串,将字符串送到一个字符数组中
f	用来输入实数,可以用小数形式或指数形式输入
e,E,g,G	与 f 作用相同,e 与 f、g 可以互相替换(大小写作用相同)

scanf 函数所使用的附加字符如表 3-4 所示。

表 3-4　scanf 函数中的格式附加字符

格式字符	说　　明
l	用于输入长整型整数(可用％ld、％lo、％lx、％lu)以及 double 型数据(用％lf 或％le)
h	用于输入短整型整数(可用％hd、％ho、％hx)
域宽	指定输入数据所占宽度(列数),域宽应为正整数
*	表示本输入项在读入后不赋给相应的变量

3. 使用 scanf 函数时应注意的问题

（1）scanf 函数中的"格式控制"后面应当是**变量地址**，而不是变量名。例如，若 a 和 b 为整型变量，如果写成：

scanf("%d%d",a,b);

是不对的。应将"a,b"改为"&a,&b"。

（2）如果在"格式控制字符串"中除了格式声明以外还有其他字符，则在输入数据时在对应的位置应输入与这些字符相同的字符。例如：

scanf("a=%d,b=%d",&a,&b);

在输入数据时，应在对应位置上输入同样的字符，即输入：

a=1,b=2↙

如果输入：

1 2↙

就错了，因为系统会把它和 scanf 函数中的格式字符串逐个字符对照检查的。

注意：在"a=1"的后面输入一个逗号，它与 scanf 函数中的"格式控制"中的逗号对应。如果输入时不用逗号而用空格或其他字符则结果是不对的：

a=1 b=2↙　　　（用空格分隔数据，与要求不符）

如果 scanf 函数为

scanf("%d%d",&a,&b);

则在输入时，两个数据之间应有一个或多个的空格、回车或 Tab 字符。

例如：

1 2↙

如果 scanf 函数为：

scanf("%d:%d:%d",&h,&m,&s);

输入应该用以下形式：

12:23:36↙

（3）在用"%c"格式声明输入字符时，输入的所有字符都将作为有效字符被读入，例如：

scanf("%c%c%c",&c1,&c2,&c3);

在执行此函数时应该连续输入三个字符，中间不要有空格等任何字符。如：

abc↙

则字符'a' 赋值给 c1，把字符'b'赋值给 c2，把字符'c' 赋值给 c3。

若在两个字符间插入空格或者其他字符，结果就不对了。如：

a b c↙

第 1 个字符'a'赋值给 c1，第 2 个字符是空格字符' '，赋值给 c2，第 3 个字符'b'赋值给 c3。

提示：输入数值时，在两个数值之间需要插入空格（或其他分隔符），以使系统能区分两个数值。在连续输入字符时，在两个字符之间不要插入空格或其他分隔符，系统能区分两个字符。

（4）在输入数值数据时，如输入空格、回车、Tab 键或遇非法字符（不属于数值的字符），认为该数据结束。例如：

scanf("%d%c%f",&a,&b,&c);

若输入：

1234a 456o.78

1234 赋值给 a,字符‘a’赋值给 b,456 赋值给 c。

3.1.4　字符数据输入函数 getchar

为了向计算机输入一个字符,可以调用系统函数库中的 getchar 函数(字符输入函数)。getchar 函数的一般形式为

getchar()

getchar 是 get character(取得字符)的缩写,getchar 函数没有参数,它的作用是从输入设备得到一个字符。getchar()函数只能接收一个字符,如果想输入多个字符就要用多个 getchar 函数。

例 3.2　从键盘输入 BOY 三个字符,然后把它们输出到屏幕。

解题思路:用 3 个 getchar 函数先后从键盘向计算机输入'B''O''Y' 三个字符,然后用 putchar 函数输出。

编写程序:

```
#include<stdio.h>
int main()
{
    char a,b,c;                  //定义字符变量 a,b,c
    a = getchar();               //从键盘输入一个字符,送给字符变量 a
    b = getchar();               //从键盘输入一个字符,送给字符变量 b
    c = getchar();               //从键盘输入一个字符,送给字符变量 c
    putchar(a);                  //将变量 a 的值输出
    putchar(b);                  //将变量 b 的值输出
    putchar(c);                  //将变量 c 的值输出
    putchar('\n');               //向显示器输出一个换行
    return 0;
}
```

运行结果:

BOY↙

BOY

注意:在连续输入 BOY 并按 Enter 键后,字符才送到计算机中,然后输出 BOY 三个字符。

说明:在用键盘输入信息时,并不是在键盘上敲一个字符,该字符就立即送到计算机中去的。这些字符先暂存在键盘的缓冲器中,只有在按了 Enter 键才把这些字符一起输入到计算机中,然后再按先后顺序分别赋给相应的变量。

注意:执行 getchar 函数不仅可以从输入设备获得一个可显示字符,而且可以获得在屏幕上无法显示的字符,如控制字符。

例 3.3 从键盘输入一个大写字母,显示对应的小写字母。

解题思路:字符数据是以 ASCII 码存储在内在的,形式与整数的存储形式相同,所以字符型数据和其他算术型数据之间可以互相赋值和运算。要进行大小写字母之间的转换,就要找到一个字母的大写形式和小写形式之间的内在联系,从附录 A 中可以找到其内在规律:小写字符的 ASCII 码值比大写字符的 ASCII 码值大 32。例如字符'a'的 ASCII 码值为 97,而字符'A'的 ASCII 码值为 65,两者相差 32,将大写字母'A'的 ASCII 码值加 32,即可得到小写字母'a'的 ASCII 码。

用 scanf 函数或 getchar 函数从键盘读入一个大写字母,加上 32 后,再用 printf 函数或 putchar 函数输出对应小写字母。

编写程序:

```c
#include<stdio.h>
int main()
{
    char c1,c2;
    c1 = getchar();         //从键盘读入一个大写字母,赋给字符变量 c1
    c2 = c1 + 32;           //求对应小写字母的 ASCII 代码,放在字符变量 c2 中
    putchar(c2);            //输出 c2 的值,是一个字符
    putchar('\n');
    return 0;
}
```

运行结果:

B↙

b

从键盘输入一个大写字母,在显示屏上显示对应的小写字母。

当然也可以用 scanf 函数代替 getchar 函数进行字符输入,用 printf 函数代替 putchar 函数进行输出:

```c
scanf("%c",&c1);
printf("大写字母:%c\t 小写字母:%c\n",c1,c2);
```

运行结果:

A↙

大写字母:A   小写字母:a

说明:如果使用汉化的 C 编译系统(如 Visual C++ 6.0 中文版),可以在 printf 函数的格式字符串中包含汉字,在输出时就能显示汉字,以增加可读性。

3.2 C 语言的基本语句

C 语言的语句类型如图 3-3 所示。

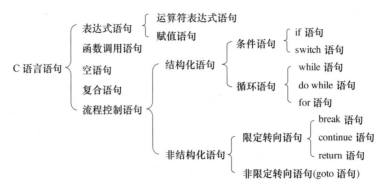

图 3-3

C 语言语句分为五种类型:

(1) 表达式语句:在各种表达式的后面加上一个分号,就构成了表达式语句;例如 a=5;就是一个赋值表达式语句。

(2) 函数调用语句:由一个函数调用加一个分号构成,例如:printf("This is a C program.\n");

(3) 空语句:仅有一个分号构成的语句。

(4) 复合语句:用一对{}括起来的若干语句。

(5) 流程控制语句:在程序中完成特定的控制功能的语句。

在这些语句中,最重要的是流程控制语句,它是编写程序要掌握的最基本也是最重要的语句类型。

3.3　顺序结构程序应用举例

程序中的所有语句都是从上到下逐条执行的,这样的程序结构称为顺序结构。顺序结构是程序设计语言中最常见的一种结构,它可以包含多种语句,如变量的定义语句、输入/输出语句、赋值语句等。顺序结构流程图如图 3-4 所示。

顺序结构语句中,语句从上至下一句一句地执行,是最简单的一种结构语句。

例 3.4　输入华氏温度 f,转换为摄氏温度 c。

解题思路:用 scanf 函数从键盘读入华氏温度,通过计算转换为摄氏温度,再用 printf 函数输出,程序流程图,如图 3-5 所示。

编写程序:

```
#include <stdio.h>
int main()
{
    float f,c;                        //变量定义
    scanf("%f",&f);                   //输入数据
```

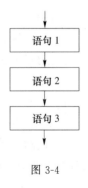

图 3-4

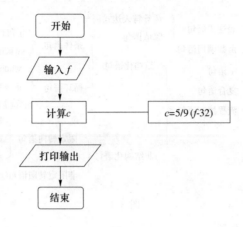

图 3-5

```
        c = 5.0/9 * (f - 32);              //计算求解
        printf("f = % f\tc = % f\n",f,c); //输出数据
        return 0;
}
```

运行结果：

100↙
f = 100.000000 c = 37.777778

习   题

1. 用下面的 scanf 函数输入数据,使 $a=1,b=2,x=3.4,y=56.78,c1='A',c2='a'$,在键盘上应该如何输入?

```
int a,b;
float x,y;
char c1,c2;
scanf("a = % d b = % d",&a,&b);
scanf(" % f % e",&x,&y);
scanf(" % c % c",&c1,&c2);
printf("a = % d,b = % d\n",a,b);
printf("x = % f,y = % e\n",x,y);
printf("c1 = % c,c2 = % c\n",c1,c2);
```

2. 设圆半径 $r=1.5$,求圆周长,圆面积,圆球表面积,圆球体积。用 scanf 输入数据,输出计算结果,输出时要有文字说明,取小数点后 2 位数字。请编程序。

第4章　选择结构程序设计

顺序结构中,各语句是按自上而下的顺序执行的,执行完上一个语句就自动执行下一个语句,是无条件的,不必做任何判断,这是最简单的程序结构。实际上,在很多情况下,需要根据某个条件是否满足来决定是否执行指定的操作任务,或者从给定的两种或多种操作中选择其一,这就是选择结构。

由于程序处理问题的需要,在大多数程序中都会包含选择结构,需要在进行下一个操作之前先进行条件判断。

C 语言有两种选择语句:

(1) if 语句,用来实现两个分支的选择结构;

(2) switch 语句,用来实现多分支的选择结构。

4.1　关系运算符与表达式

在 C 语言中,比较符(或称比较运算符)称为关系运算符。所谓"关系运算"就是"比较运算",将两个数值进行比较,判断其比较结果是否符合给定的条件。例如,a>3 是一个关系表达式,大于号是一个关系运算符,如果 a 的值为 5,则满足给定的"a>3"条件,因此关系表达式的值为"真"(即"条件满足");如果 a 的值为 2,不满足"a>3"条件,则称关系表达式的值为"假"。

4.1.1　关系运算符及其优先次序

C 语言提供 6 种关系运算符:

① <　　(小于)　⎫
② <=　 (小于或等于)⎬优先级相同(高)
③ >　　(大于)　⎪
④ >=　 (大于或等于)⎭

⑤ ==　 (等于)　⎫优先级相同(低)
⑥ != 　(不等于)⎭

关于优先次序:

(1) 前 4 种关系运算符(<,<=,>,>=)的优先级别相同,后 2 种也相同。前 4 种高于后 2 种。例如,">"优先于"=="。而">"与"<"优先级相同。

(2) 关系运算符的优先级低于算术运算符。

（3）关系运算符的优先级高于赋值运算符。

以上关系如图 4-1 所示。

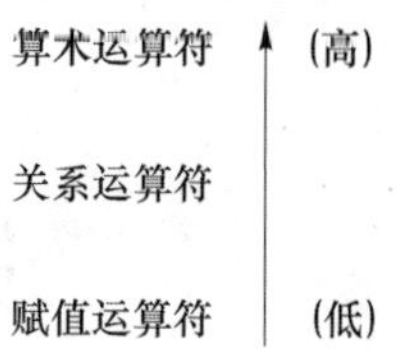

例如：

		算术运算符 ↑（高）

c＞a＋b　　　　等效于 c＞(a＋b)

关系运算符

a＞b＝＝c　　　等效于 (a＞b)＝＝c

a＝＝b＜c　　　等效于 a＝＝(b＜c)

赋值运算符 ↓（低）

a＝b＞c　　　　等效于 a＝(b＞c)

图 4-1

4.1.2　关系表达式

用关系运算符将两个数值或数值表达式连接起来的式子，称**关系表达式**。例如，以下都是合法的关系表达式：

a＞b, a＋b＞b＋c, (a＝3)＞(b＝5), 'a'＜'b', (a＞b)＞(b＜c)

关系表达式的值是一个逻辑值，即"真"或"假"。例如，关系表达式"5＝＝3"的值为"假"，"5＞＝0"的值为"真"。在 C 的逻辑运算中，以"1"表示"真"，以"0"表示"假"。

若 a＝3,b＝2,c＝1,则：

关系表达式"a＞b"的值为"真"，表达式的值为 1。

关系表达式"(a＞b)＝＝c"的值为"真"，表达式的值为 1。

关系表达式"b＋c＜a"的值为"假"，表达式的值为 0。

如果有以下赋值表达式：

d＝a＞b,关系表达式 a＞b 的值为 1,赋值表达式的值为 1。

f＝a＞b＞c,关系表达式 a＞b＞c 的值为 0,赋值表达式的值为 0。

4.2　逻辑运算符与表达式

有时要求判断的条件不是一个简单的条件，而是由几个给定简单条件组成的复合条件。如："参加少年运动会的年龄限制为 13～17 岁"，这就需要检查两个条件：（1）年龄 age≥13，（2）年龄 age≤17。这个组合条件是不能够用一个关系表达式来表示的，要用两个表达式的组合来表示，即"两者同时满足"。

用逻辑运算符将关系表达式或其他逻辑量连接起来的式子就是逻辑表达式。

4.2.1　逻辑运算符及其优先次序

有三种逻辑运算符：与（＆＆）、或（‖）、非（！）。C 逻辑运算符及其含义如表 4-1 所示。

"＆＆"和"‖"是双目（元）运算符，它要求有两个运算对象（操作数），如(x＞10)＆＆(x＜20),(x<=10)‖(x＞=20)。而"！"是一目（元）运算符，只要求有一个运算对象，如！(a＞b)。

表 4-1　C 逻辑运算符及其含义

运算符	含义	举例	说明
&&	逻辑与	a&&b	如果 a 和 b 都为真,则结果为真;否则为假
‖	逻辑或	a‖b	如果 a 和 b 都为假时,结果为假;否则为真
!	逻辑非	!a	如果 a 为假,则!a 为真;如果 a 为真,则!a 为假

表 4-2 为逻辑运算的"真值表"。它表示当 a 和 b 的值为不同组合时,各种逻辑运算所得到的值。

表 4-2　逻辑运算的真值表

a	b	!a	!b	a&&b	a‖b
真	真	假	假	真	真
真	假	假	真	假	真
假	真	真	假	假	真
假	假	真	真	假	假

在一个逻辑表达式中如果包含多个逻辑运算符,例如,!a&&b‖x>y&&c。按优先级次序进行运算:

(1) !(非)→&&(与)→‖(或),即"!"为三者中最高的。

(2) 逻辑运算符中的"&&"和"‖"低于关系运算符,"!"高于算术运算符,优先级次序如图 4-2 所示。

例如:

(a>b)&&(x>y)	可写成	a>b&&x>y
(a==b)‖(x==y)	可写成	a==b‖x==y
(!a)‖(a>b)	可写成	!a‖a>b

图 4-2

4.2.2　逻辑表达式

逻辑表达式的值是一个逻辑量"真"或"假"。C 语言编译系统在表示逻辑值运算结果时,以数值 1 表示"真",以 0 表示"假",但在判断一个量是否为"真"时,以 0 代表"假",以非 0 值代表"真",例如:

(1) 若 a=4,则!a 的值为 0。

(2) 若 a=4,b=5,则 a&&b 的值为 1。

(3) a 和 b 值分别为 4 和 5,a‖b 的值为 1。

(4) a 和 b 值分别为 4 和 5,!a‖b 的值为 1。

(5) 4&&0‖2 的值为 1。

通过这几个例子可以看出,由系统给出的逻辑运算结果不是 0 就是 1,不可能是其他数值。而在逻辑表达式中作为参加逻辑运算的运算对象可以是 0("假")或任何非 0 的数值

(按"真"对待)。如果在一个表达式中不同位置上出现数值,应区分哪些是作为数值运算或关系运算的对象,哪些作为逻辑运算的对象。例如:

$$5>3 \ \&\& \ 8<4-! \ 0$$

表达式运算结果得 0。

实际上,逻辑运算符两侧的运算对象不但可以是 0 和 1,或者是 0 和非 0 的整数,也可以是字符型、浮点型、枚举型或指针型的非整数数值。系统最终以 0 和非 0 来判定它们属于"真"或"假"。例如'c'&&'d'的值为 1,因为字符'c'和字符'd'的 ASCII 值都不为 0,按"真"处理,所以 1&&1 的值为 1。

因此,表 4-2 逻辑运算的真值表也可以改写为表 4-3 的形式。

表 4-3 逻辑运算的真值表

a	b	! a	! b	a&&b	a‖b
非 0	非 0	0	0	1	1
非 0	0	0	1	0	1
0	非 0	1	0	0	1
0	0	1	1	0	0

在逻辑表达式的求解中,并不是所有的逻辑运算符都被执行,只是在必须执行下一个逻辑运算符才能求出表达式的解时,才执行该运算符,此运算规则称为**短路特性**。例如:

(1) a&&b&&c。只有 a 为真(非 0)时,才需要判别 b 的值。只有当 a 和 b 都为真的情况下才需要判别 c 的值。如果 a 为假,就不必判别 b 和 c,此时整个表达式已确定为假。如果 a 为真,b 为假,则不必判别 c。

(2) a‖b‖c。只要 a 为真(非 0),就不必判别 b 和 c。只有 a 为假,才判别 b。a 和 b 都为假才判别 c。

如果有下面的逻辑表达式:

$$(m=a>b) \ \&\& \ (n=c>d)$$

当 a=1,b=2,c=3,d=4,m 和 n 的初值为 1 时,经过运算后 m 和 n 的终值为?

分析:由于"a>b"的值为 0,因此 m=0,此时已能判定整个表达式为假,则不必再进行"n=c>d"的运算,因此 n 的值仍保持初值 1。

熟练掌握 C 语言的关系运算符和逻辑运算符后,可以巧妙地用一个逻辑表达式来表示一个复杂的条件。

例如,判别整型变量 year 表示的某一年是否闰年,可以用一个逻辑表达式来表示。闰年的条件是符合下面两者之一:①能被 4 整除,但不能被 100 整除,如 2008。②能被 400 整除,如 2000。因此判定闰年可写出逻辑表达式:

$$(year\%4==0 \ \&\& \ year\%100! \ =0 \ ) \ \| \ year\%400==0$$

year 为整数(年份),如果上述表达式值为真(值为 1),则 year 为闰年;否则 year 非闰年。

4.3　条件运算符与表达式

有一种 if 语句,当被判别的表达式的值为"真"或"假"时,都执行一个赋值语句且向同一个变量赋值。如:

$$\text{if}(a>b) \quad \text{max} = a;$$

$$\text{else} \quad\quad \text{max} = b;$$

当 a>b 时将 a 的值赋给 max,当 a≤b 时将 b 的值赋给 max,可以看到无论 a>b 是否满足,都是给同一个变量 max 赋值。C 提供条件运算符和条件表达式来处理这类问题,可以把上面的 if 语句改写为

$$\text{max} = (a>b)? \ a:b;$$

赋值号右侧的"(a>b)? a:b"就是一个**条件表达式**。"? :"是**条件运算符**。如果(a>b)条件为真,则条件表达式的值等于 a;否则等于 b。

条件运算符由两个符号(? 和:)组成,必须一起使用。要求有三个操作对象,称为三目(元)运算符,它是 C 语言中唯一的一个三目运算符。

条件表达式的一般形式为

表达式 1？表达式 2：表达式 3

它的执行过程如图 4-3 所示。

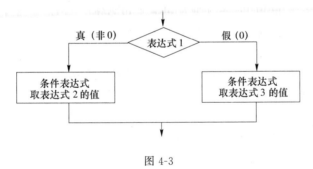

图 4-3

例 4.1　输入一个字符,判别它是否为大写字母。如果是,将它转换成小写字母;如果不是,不转换,然后输出最后得到的字符。

解题思路:用条件表达式来处理,当字母是大写时,转换成小写字母,否则不转换。

编写程序:

```c
#include <stdio.h>
int main()
{
    char ch;
    scanf("%c",&ch);
    ch = (ch>='A' && ch<='Z')? (ch+32):ch;
    printf("%c\n",ch);
    return 0;
```

}

运行结果:

A↙

a

输入大写字母 A,输出小写字母 a。

程序分析:条件表达式"(ch>='A' && ch<='Z')?(ch+32):ch"的作用是:如果字符变量 ch 的值为大写字母,则条件表达式的值为(ch+32),即相应的小写字母,32 是小写字母和大写字母 ASCII 码的差值。如果 ch 的值不是大写字母,则条件表达式的值为 ch,即不进行转换。

可以看到,条件表达式相当于一个不带关键字 if 的 if 语句,用它可以处理简单的选择结构。

4.4　if 条件语句

if 语句的一般形式如下:

　　　if(表达式) 语句1;

　　　[else 语句2;]

根据 if 语句的一般形式,if 语句可以写成不同的形式,最常用的有以下三种形式:

(1) if(表达式)　　语句1;　　(没有 elsc 子句部分)

(2) if(表达式)　　语句1;　　(有 else 子句部分)

　　 else　　语句2;

(3) if(表达式1)语句1;(在 else 部分又嵌套了多层的 if 语句)

　　 else if(表达式2)　语句2;

　　 else if(表达式3)　语句3;

　　　　 …　　　　 …

　　 else if(表达式m)语句m;

　　 else　　　　语句m+1;

例如:

　　　if(number>500)　　　cost = 0.15;

　　　else if(number>300)　　cost = 0.10;

　　　else if(number>100)　　cost = 0.075;

　　　else if(number>50)　　cost = 0.05;

　　　else　　　　　　cost = 0;

这种形式相当于:

if (number>500)

　　cost = 0.15;

else

　　if(number>300)　　　　//在 if 语句的 else 部分内嵌了一个 if 语句

```
        cost = 0.10;
    else
        if(number>100)     //在内嵌的 if 语句的 else 部分又内嵌了一个 if 语句
            cost = 0.075;
        else
            if(number>50) //在第 2 层内嵌的 if 语句的 else 部分又内嵌了一个 if 语句
                cost = 0.05;
            else                //第 3 层内嵌的 if 语句中的 else 子句
                cost = 0;
```

写成上面的"if…else if…else if…else if…else"形式更为直观和简洁。

说明：

(1) if 语句中的"表达式"可以是关系表达式、逻辑表达式,甚至是数值表达式等任意合法的 C 语言表达式。

(2) if 语句的一般形式中,方括号内的部分(即 else 子句)为可选的,即可以有,也可以没有。

(3) 整个 if 语句可以写在多行上,也可以写在一行上,如：

$$if(x>0) \ y=1; \ else \ y=-1;$$

但是,为了程序的清晰,提倡写成锯齿形式。

(4) if 语句无论写在几行上,都是一个整体,属于一个语句。不要误认为 if 部分是一个语句,else 部分是另一个语句。注意：else 子句不能作为句子单独使用,它必须是 if 语句的一部分,与 if 配对使用。

(5) "语句 1""语句 2"、…、"语句 $m+1$"可以是一个简单的语句,也可以是一个包括多个语句的复合语句(注意：复合语句应当用花括号括起来),还可以是另一个 if 语句(即在一个 if 语句中又包括另一个或多个内嵌的 if 语句)。

例 4.2　由键盘输入 x 的值,要求输出其绝对值。

解题思路：用 if 语句进行检查,如果 x 的值符合 x≥0 的条件,就输出 x 的值;如果 x<0,就输出-x 的值。流程图如图 4-4 所示。

编写程序：

```c
# include <stdio.h>
int main()
{
    int x;
    scanf("%d",&x);
    if(x>=0)
        printf("%d\n",x);
    else
        printf("%d\n",-x);
    return 0;
}
```

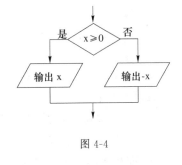

图 4-4

例 4.3 求解 $ax^2 + bx + c = 0$ 方程的根，由键盘输入 a, b, c 的值。

解题思路： 假设 a, b, c 的值任意，并不保证 $b^2 - 4ac \geq 0$，需要在程序中进行判断。如果 $b^2 - 4ac \geq 0$，就计算并输出方程的两个实根；如果 $b^2 - 4ac < 0$，就输出"方程无实根"的信息。流程图如图 4-5 所示。

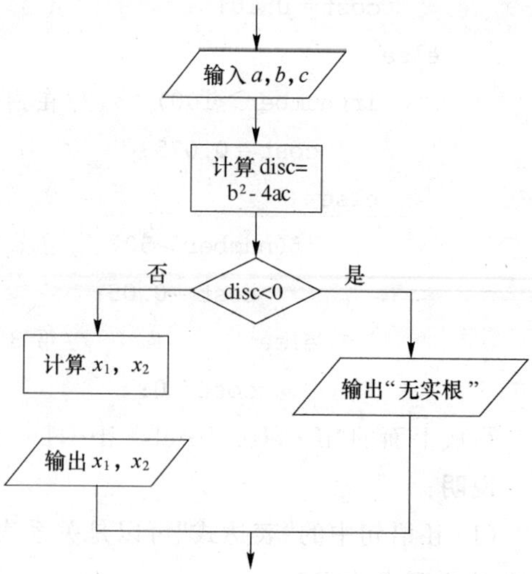

编写程序：

```c
#include <stdio.h>
#include <math.h>
int main()
{
    double a,b,c,disc,x1,x2,p,q;
    scanf("%lf%lf%lf",&a,&b,&c);
    disc = b*b-4*a*c;
    if(disc<0)
        printf("此方程无实根！\n");
    else
    {   p = -b/(2.0*a);
        q = sqrt(disc)/(2.0*a);
        x1 = p+q;
        x2 = p-q;
        printf("实根:\nx1 = %7.2f\nx2 = %7.2f\n",x1,x2);
    }
    return 0;
}
```

图 4-5 计算 disc 流程图

运行结果：

```
2 3 4↙
此方程无实根！
2 4 1↙
实根：x1 = -0.18   x2 = -1.82
```

程序分析：

(1) 为提高精度，将所有变量定义为双精度浮点型。

(2) 在用 scanf 函数输入双精度实型数据时，不能用"%f"格式声明，而应当用"%lf"格式声明，即在格式符 f 的前面加修饰符 l（小写字母），表示是"长浮点型"，即双精度型。在输出双精度实型数据时，可以用"%f""%lf"或"%m.nf"，以指定输出的精度。

(3) 用 if 语句来实现选择结构。if 语句对给定条件"disc<0"进行判断后，形成两条路径，一条是执行第 9 行的 printf("此方程无实根！\n");输出语句，另一条是输出第 11～15 行的复合语句。

例 4.4　输入两个实数,按代数值由小到大的顺序输出这两个数。

解题思路:只要对两个实数做一次比较,然后必要时进行一次交换既可,用 if 语句实现条件判断。关键是怎样实现两个变量的值的交换。不能把两个变量直接进行互相赋值,如为了将 a 和 b 对换,不能用下面的办法:

$$a=b;b=a;$$

为了实现两个变量值的交换,必须借助于第三个变量,可以这样考虑:将 A 和 B 两个杯子中的水交换,用两个杯子水倒来倒去是无法实现的。必须借助于第三个杯子 C,先把 A 杯的水倒在 C 杯中,再把 B 杯中的水倒在 A 杯中,最后再把 C 杯中的水倒在 B 中,这就实现了两个杯子中的水的交换,这是在程序中实现两变量换值的算法。

编写程序:

```c
#include <stdio.h>
int main()
{
    float a,b,t;
    scanf("%f,%f",&a,&b);
    if(a>b)
    {   t=a;a=b;b=t;   }           //将 a 和 b 的值交换
    printf("%5.2f,%5.2f\n",a,b);
    return 0;
}
```

运行结果:

```
3.6,-3.2↙
-3.20,3.60
```

程序分析:

输入 3.6 和 -3.2 两个数给变量 a 和 b,用 if 语句进行判断,如果 a>b,使 a 和 b 的值交换,否则不交换。经过 if 语句的处理后,变量 a 是小数,b 是大数。依次输出 a 和 b,就实现了由小到大顺序的输出。

例 4.5　输入 3 个数 a,b,c,要求按由小到大的顺序输出。

解题思路:解此题的算法和例 4.4 相似。

如果 a>b,将 a 和 b 交换(交换后,a 是 a、b 中的小者)

如果 a>c,将 a 和 c 交换(交换后,a 是 a、c 中的小者,因此 a 是 a、b、c 三者中最小者)

如果 b>c,将 b 和 c 交换(交换后,b 是 b、c 中的小者,也是 a、b、c 三者中的次小者)

顺序输出 a、b、c。

编写程序:

```c
#include<stdio.h>
int main()
{
    float a,b,c,t;
    scanf("%f,%f,%f",&a,&b,&c);
```

```
    if(a>b)
      {  t = a; a = b; b = t;      }            //借助变量 t,实现变量 a 和变量 b 交换值
    if(a>c)
      {  t = a; a = c; c = t;      }
      if(b>c)
      {  t = b; b = c; c = t;  }
    printf("%5.2f,%5.2f,%5.2f\n",a,b,c);              //顺序输出 a,b,c 的值
    return 0;
}
```

运行结果:

3,7,1↙

1.00,3.00,7.00

例 4.6 用 if 语句表示阶跃函数:

$$y=\begin{cases} 1 & (x>0) \\ 0 & (x=0) \\ -1 & (x<0) \end{cases}$$

编写程序:

```
#include<stdio.h>
int main()
{
    int x,y;
    scanf("%d",&x);
    if(x<0)
        y = -1;
    else
        if(x == 0)        //内嵌语句是一个 if 语句,它也包含 else 部分
            y = 0;
        else
            y = 1;
    printf("%5d,%5d\n",x,y);
    return 0;
}
```

其流程图如图 4-6 所示。

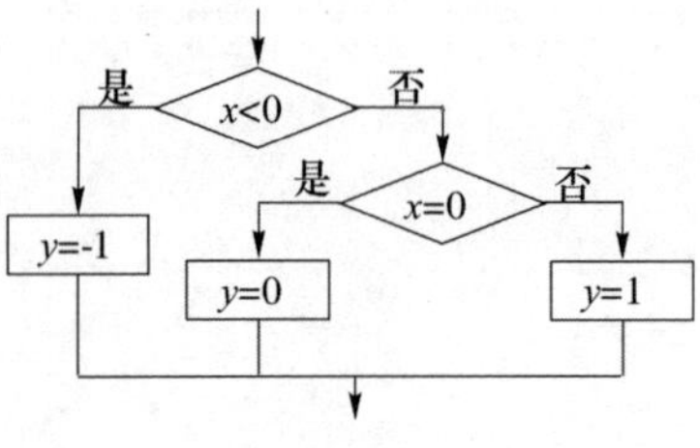

图 4-6

4.5　选择结构的嵌套

在 if 语句中又包含一个或多个 if 语句称为 if 语句的嵌套。本章中 if 语句的第三种形式就属于 if 语句的嵌套,其一般形式如下:

```
if( )
    if( )    语句 1;      ⎫
    else     语句 2;      ⎬ 内嵌 if
else
    if( )    语句 3;      ⎫
    else     语句 4;      ⎬ 内嵌 if
```

应当注意 if 与 else 的配对关系,else 总是与它上面的最近的未配对的 if 配对。

假如写成:

```
if( )
    if( )    语句 1;      ⎫
else         语句 2;      ⎬ 内嵌 if
```

编程者把 else 写在与第 1 个 if(外层 if)同一列上,意图是使 else 与第 1 个 if 对应,但实际上 else 是与第 2 个 if 配对,因为它们相距最近且未配对。可以使用加花括号来确定配对关系,例如。

```
if( )
    {                      ⎫
        if( )语句 1;       ⎬ 内嵌 if
    }                      ⎭
else    语句 2;
```

这时"{ }"限定了内嵌 if 语句的范围,因此 else 与第一个 if 配对。

例 4.7　有一函数:

$$y=\begin{cases} -1 & (x<0) \\ 0 & (x=0) \\ 1 & (x>0) \end{cases}$$

编一程序,输入一个 x 值,要求输出相应的 y 值。

解题思路: 用 if 语句检查 x 的值,根据 x 的值决定赋予 y 的值,由于 y 的可能值不是两个而是三个,因此不可能只用一个简单的(无内嵌 if)的 if 语句来实现,可以有两种方法,其算法如下。

(1) 先后用 3 个独立的 if 语句处理;

输入 x

若 $x<0$,则 $y=-1$

若 $x=0$,则 $y=0$

若 $x>0$,则 $y=1$

输出 y

（2）用一个嵌套的 if 语句处理；

输入 x

若 $x<0$，则 $y=-1$

否则

  $x=0$，则 $y=0$

  否则（即 $x>0$），则 $y=1$

输出 y

用流程图表示，如图 4-7 所示。

编写程序：

采用嵌套的 if 语句处理。

程序 1：

```
#include <stdio.h>
int main()
{
    int x,y;
    scanf("%d",&x);
    if(x<0)
        y = -1;
    else
        if(x == 0) y = 0;
        else y = 1;
    printf("x = %d,y = %d\n",x,y);
    return 0;
}
```

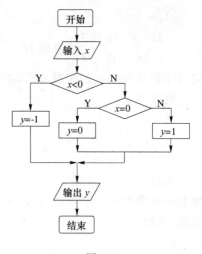

图 4-7

运行结果：

$-5\swarrow$

x = -5,y = -1

程序 2：

可将上面程序改为

```
#include <stdio.h>
int main()
{
    int x,y;
    scanf("%d",&x);
    if(x> = 0)
        if(x>0) y = 1;
        else    y = 0;
    else        y = -1;
```

```
    printf("x = % d,y = % d\n",x,y);
    return 0;
}
```

运行结果：

5↙

x = 5,y = 1

为了使逻辑关系清晰，避免出错，一般把内嵌的 if 语句放在外层的 else 子句中（如程序 1 那样），这样由于有外层的 else 相隔，内嵌的 else 不会被误认为和外层的 if 配对，而只能与内嵌的 if 配对，这样就不会搞混。

注意：为了使程序清晰、易读，写程序时对选择结构和循环结构应采用锯齿形的缩进形式，如本书例题所示那样。

4.6　switch 多分支选择语句

if 语句只有两个分支可供选择，而实际问题中常常需要用到多分支的选择。例如学生成绩分类（90 分以上为'A'等，70 到 89 分为'B'等，60 到 69 分为'C'……），当然这些都可以用嵌套的 if 语句来处理，但如果分支较多，则嵌套的 if 语句层数多，程序冗长而且可读性降低，C 语言提供 switch 语句处理多分支选择语句。

例 4.8　按照考试成绩的等级输出百分制分数段，A 等为 90 分以上，B 等为 70 到 89 分。C 等为 60 到 69 分，D 等为 60 分以下。成绩的等级由键盘输入。

解题思路：根据百分制分数将学生成绩分为四个等级，如果用 if 语句来处理至少要用三层嵌套的 if，进行三次检查判断。用 switch 语句，进行一次检查即可得到结果。

编写程序：

```
# include <stdio.h>
int main()
{
    char grade;
    scanf(" % c",&grade);
    printf("Your score:");
    switch(grade)
    {
        case 'A':printf("90 - 100\n");break;
        case 'B':printf("70 - 89\n");break;
        case 'C':printf("60 - 69\n");break;
        case 'D':printf("<60\n");break;
        default:printf("enter date error! \n");
    }
    return 0;
```

}

运行结果：

A↙

Your score:90－100

程序分析：等级 grade 定义为字符变量，从键盘输入一个大写字母，赋给变量 grade，switch 得到 grade 的值并把它和各个 case 中给定的值（'A''B''C''D'之一）进行比较，如果和其中之一相同（称为匹配），则执行该 case 后面的语句（即 printf 语句），输出相应的信息。如果输入的字符与'A''B''C''D'都不相同，则执行 default 后面的语句，输出"输入数据有错"的信息。

注意：在每个 case 后面的语句中，最后都有一个 break 语句，它的作用是使流程转到 switch 语句的末尾（即右花括号处）。

switch 语句的作用是根据表达式的值，使流程跳转到不同的语句。switch 语句的一般形式如下：

```
switch(表达式)
{
    case   常量 1:语句 1;break;
    case   常量 2:语句 2;break;
    ……
    case   常量 n:语句 n;break;
    default:    语句 n＋1;
}
```

说明：

（1）switch 后面括号内的"表达式"，其值的类型应为整数或字符类型。

（2）switch 下面的花括号内是一个复合语句，这个复合语句包括若干语句，它是 switch 语句的语句体。语句体内包含多个以关键字 case 开头的语句行和最多一个以 default 开头的行。case 后面跟一个常量（或常量表达式），如：case'A'，它们和 default 都是起**标号**的作用，用来标志一个位置。执行 switch 语句时，先计算 switch 后面的"表达式"的值，然后将它与各个 case 标号进行比较，如果与某一个 case 标号中的常量相同，流程就跳转到此 case 标号后面的语句。如果没有与 switch 表达式相匹配的 case 常量，流程跳转去执行 default 标号后面的语句。

（3）可以没有 default 标号，此时如果没有与 switch 表达式相匹配的 case 常量，则不执行任何语句，流程转到 switch 语句的下一个语句。

（4）各个 case 标号出现次序不影响执行结果。例如：可以先出现 default 标号，再出现 case 'D'；…然后是 case 'B'；…

（5）每一个 case 常量必须互不相同，否则就会出现互相矛盾的现象。

（6）case 标号只起标记的作用，在执行 switch 语句时，根据 switch 表达式的值找到匹配的入口标号，并不在此进行条件检查，在执行完一个 case 标号后面的语句后，就从此标号开始执行下去，不再进行判断。例如，在例 4.8 中，如果在各 case 子句中没有 break 语句，将连续输出。例如：

B↙

Your score：70 — 89

　　60 — 69

　　＜60

　　enter data error！

注意：一般情况下，在执行一个 case 子句后，应当用 break 语句使流程跳出 switch 结构，即终止 switch 语句的执行。最后一个 case 子句中可不必加 break 语句，因为流程已到了 switch 结构的结束处。

（7）在 case 子句中虽然包含了一个以上执行语句，但可以不必用花括号括起来，流程会顺序执行本 case 标号后面所有的语句，当然加上花括号也可以。

（8）多个 case 标号可以共用一组执行语句，例如：

```
case 'A':
case 'B':
case 'C':printf(">60/n");break;
...
```

当 grade 的值为'A' 'B' 'C'时都将执行同一组语句，输出">60"，然后换行。

4.7　选择结构程序应用举例

例 4.9　求 $ax^2 + bx + c = 0$ 方程的解。

解题思路：求解方程时，应该有以下几种可能。

① $a = 0$，不是二次方程。

② $b^2 - 4ac = 0$，有两个相等实根。

③ $b^2 - 4ac > 0$，有两个不等实根。

④ $b^2 - 4ac < 0$，有两个共轭复根。应当以 $p + qi$ 和 $p - qi$ 的形式输出复根。其中，$p = -b/2a$，$q = \sqrt{b^2 - 4ac}/2a$。

N-S 流程图如图 4-8 所示。

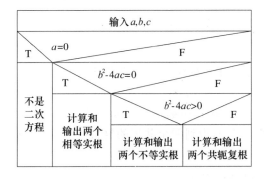

图 4-8

编写程序：

```c
# include <stdio.h>
# include <math.h>
int main()
{   double a,b,c,disc,x1,x2,p,q;
scanf("%lf,%lf,%lf",&a,&b,&c);
printf("The equation ");
if(fabs(a)<=1e-6)
    printf("is not a quadratic\n");
else
{
    disc=b*b-4*a*c;
    if(fabs(disc)<=1e-6)
        printf("has two equal roots:%8.4f\n",-b/(2*a));
    else
        if(disc>1e-6)
        {
            x1=(-b+sqrt(disc))/(2*a);
            x2=(-b-sqrt(disc))/(2*a);
            printf("has distinct real roots:%8.4f and %8.4f\n",x1,x2);
        }
        else
        {   p=-b/(2*a);                    //p 是复根的实部
            q=sqrt(-disc)/(2*a);           //q 是复根的虚部
            printf("has complex roots:\n");
            printf("%8.4f + %8.4fi\n",p,q);   //输出一个复根
            printf("%8.4f - %8.4fi\n",p,q);   //输出另一个复根
        }
    }
    return 0;
}
```

运行结果：

(1) 输入 a,b,c 的值 1,2,1 得到两个相等的实根。

1,2,1↙

The equation has two equal roots:-1.0000

(2) 输入 a,b,c 的值 1,2,2,得到两个共轭的复根。

1,2,2↙

The equation has complex roots:

-1.0000 + 1.0000i

-1.0000 - 1.0000i

（3）输入 a,b,c 的值 2,6,1,得到两个不等的实根。

2,6,1↙

The equation has distinct real roots:－0.1771 and －2.8229

程序分析:程序中以 disc 代表 b^2-4ac,先计算 disc 的值,以减少以后的重复计算。对于判断 b^2-4ac 是否等于 0 时,要注意:由于 disc(即 b^2-4ac)是实数,而实数在计算和存储时会有一些微小的误差,因此不能直接进行如下判断:"if(disc==0)…",因为这样可能会出现本来是零的量,由于上述误差而被判别为不等于零而导致结果错误。所以采取的办法是判别 disc 的绝对值是否小于一个很小的数(例如 10^{-6}),如果小于此数,就认为 disc 等于 0。

习　题

1. 什么是算术运算？什么是关系运算？什么是逻辑运算？

2. C 语言中如何表达"真"和"假"？系统如何判断一个量的"真"和"假"？

3. 写出下面各逻辑表达式的值。设 a＝3,b＝4,c＝5。

（1）a＋b＞c＆＆b==c

（2）a‖b＋c＆＆b－c

（3）！(a＞b)＆＆！c‖1

（4）！(x＝a)＆＆(y＝b)＆＆0

（5）！(a＋b)＋c－1＆＆b＋c/2

4. 有三个整数 a,b,c,由键盘输入,输出其中最大的数。

5. 输入四个整数,要求按由小到大的顺序输出。

6. 给出一百分制成绩,要求输出成绩等级 'A' 'B' 'C' 'D' 'E'。90 分以上为 'A',80～89 分为 'B',70～79 分为 'C',60～69 分为 'D',60 分以下为 'E'。

7. 有一个函数：

$$y=\begin{cases} x & (x<1) \\ 2x-1 & (1\leqslant x<10) \\ 3x-11 & (x\geqslant10) \end{cases}$$

写程序,输入 x 的值,输出 y 相应的值。

第5章 循环结构程序设计

日常生活中常常遇到需要重复处理的问题。例如:统计全班50个学生的平均成绩,可以先编写求一个学生的五门课程平均成绩的程序段:

```
scanf("%f,%f,%f,%f,%f",&score1,&score2,&score3,&score4,&score5);
aver = (score1 + score2 + score3 + score4 + score5)/5;
printf("aver = %7.2f",aver);
```

然后再重复写49次同样的程序段。这种方法虽然可以实现要求,但是显然是不可取的。这就有必要使用循环控制,用来处理需要进行的重复操作。

在C语言中可以用循环语句来处理上面的问题:

```
i = 1;
while(i< = 50)
{
scanf("%f,%f,%f,%f,%f",&score1,&score2,&score3,&score4,&score5);
aver = (score1 + score2 + score3 + score4 + score5)/5;
printf("aver = %7.2f",aver);
i++;
}
```

可见:用一个循环语句(while 语句),就把需要重复执行50次程序段的问题解决了。

循环结构和顺序结构、选择结构是结构化程序设计的三种基本结构,它们是各种复杂程序的基本构成单元。因此,熟练掌握三种结构的概念及使用是进行程序设计的最基本的要求。

5.1 while 循环语句

在C程序中可以用while语句来实现循环结构。while循环结构的执行过程是:变量 i 初值为1,while语句首先检查变量 i 的值是否小于或等于50,如果是,则执行 while 后面的语句(称为循环体,即花括号内的复合语句)。在循环体中先输入第1个学生5门课的成绩,然后求出该学生的平均成绩 aver,并输出此平均成绩。执行 i++;语句,使 i 的值递增1,i 的原值为1,递增为2。之后流程返回到 while 条件,再检查 i 的值是否小于或等于50,如果是,又执行循环体,输入第2个学生5门课的成绩,然后求出第2个学生的平均成绩并输出此平均成绩。执行 i++;语句,又使变量 i 的值由2递增为3,处理第3个学生的数据……直到处理完第50个学生的数据后,i 的值递增为51,由于它大于50,因循环条件不成立而退出执行循环体。

while 语句的一般形式如下：

    while(表达式)

      语句；

其中的"语句"就是循环体。循环体可以是一个简单的语句，也可以是复合语句（用花括号括起来的若干语句）。执行循环体的次数是由循环条件控制的，也称为**循环条件表达式**。当此表达式的值为"真"（非 0 值）时，就执行循环体语句，为"假"（以 0 表示），就不执行循环体语句，退出循环结构。例如"i≤50"是一个循环条件表达式，它是一个关系表达式，它的值只能是"真"或"假"。在执行 while 语句时，先检查循环条件表达式的值，当为非 0 值（"真"）时，就执行 while 语句中的循环体语句；当表达式为 0（"假"）时，不执行循环体语句。其流程图和 N-S 图，如图 5-1 所示。

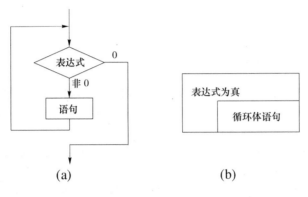

(a)   (b)

图 5-1

while 循环的特点是：先判断条件表达式，后执行循环体语句。

例 5.1 求 $1+2+3+\cdots+100$，即 $\sum_{n=1}^{100} n$。

解题思路：这是一个累加的问题，需要先后将 100 个数相加。要重复进行 100 次加法运算，显然可以用循环结构来实现。重复执行循环体 100 次，每次累加一个数。

分析可见，每次累加的数是有规律的，后一个数是前一个数加 1，因此不需要每次用 scanf 语句从键盘临时输入数据，只需在加完上一个数 i 后，使 i 的值加 1 就可以得到下一个数。其流程图和 N-S 图，如图 5-2 所示。

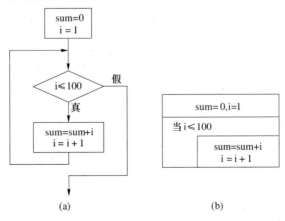

(a)   (b)

图 5-2

编写程序:

```
#include <stdio.h>
int main()
{   int i = 1,sum = 0;
    while(i< =100)
    {   sum = sum + i;
        i++;
    }
    printf("sum = % d\n",sum);
    return 0;
}
```

运行结果:

sum = 5050

程序分析:

(1) 循环体如果包含一个以上的语句,应该用花括号括起来,作为复合语句。如果不加花括号,则 while 语句的范围只到 while 后面第 1 个分号处。例如,本例中 while 语句中如果无花括号,则 while 语句范围只到"sum＝sum＋i;"。

(2) 不要忽略给 i 和 sum 赋初值(这是为进行累加前的初始情况),否则它们的值是不可预测的,结果也会不正确。

(3) 在循环体中应有使循环趋于结束的语句。例如,在本例中循环结束的条件是"i>100",因此在循环体中应该有使 i 增值以最终导致 i>100 的语句,本例中使用"i++;"语句来达到此目的。如果无此语句,则 i 的值始终不改变,循环永远不结束。

5.2 do…while 循环语句

除了 while 语句以外,C 语言还提供了 do…while 语句来实现循环结构。

do…while 语句的一般形式为

```
do{
    语句;
}while(表达式);
```

其中的"语句;"就是循环体,它的执行过程可以用图 5-3 表示。

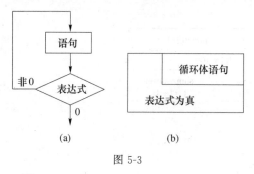

do…while 语句的执行过程是:先执行一次指定的循环体语句,然后判别表达式,当表达式的值为非零值("真")时,返回重新执行循环体语句,如此反复,直到表达式的值等于 0("假")时为止,此时循环结束。

do…while 语句的特点是:先无条件地执行循环体,然后判断循环条件是否成立。这是和 while 语句不同的。

图 5-3

例 5.2　用 do…while 语句求 $1+2+3+\cdots+100$，即 $\sum\limits_{n=1}^{100} n$。

解题思路：与例 5.1 相似，用循环结构来处理，但要求用 do…while 语句来实现循环结构。其流程图和 N-S 图，如图 5-4 所示。

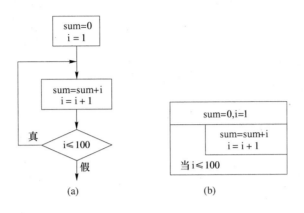

图 5-4

编写程序：

```c
#include <stdio.h>
int main()
{
    int i = 1,sum = 0;
    do{
        sum = sum + i;
        i ++ ;
    }while(i< = 100);
    printf("sum = % d\n",sum);
    return 0;
}
```

运行结果：

sum = 5050

程序分析：从例 5.1 和例 5.2 可以看到：对同一个问题可以用 while 语句处理，也可以用 do…while 语句处理。do…while 语句结构可以转换成 while 结构。如图 5-1 可以改画成图 5-5 形式，两者完全等价。而图 5-5 中虚线框部分就是一个 while 结构。可见，do…while 结构是由一个"语句"加一个 while 结构构成的。

在一般情况下，用 while 语句和用 do…while 语句处理同一问题时，若两者的循环部分是一样的，那么结果也一样。如例 5.1 和例 5.2 程序中的循环体是相同的，得到的结果也相同。但是如果 while 后面的表达式一开始就为假（0 值）时，两种循环的结果是不同的。

例 5.3　while 和 do…while 循环的比较。

（1）用 while 循环

```c
# include <stdio.h>
int main()
{
    int i,sum = 0;
    printf("i = ?");
    scanf("%d",&i);
    while(i< = 10)
    {
        sum = sum + i;
        i++;
    }
    printf("sum = %d\n",sum);
    return 0;
}
```

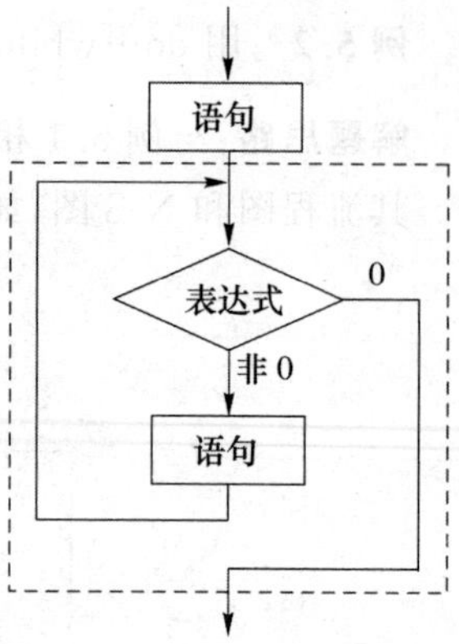

运行结果(两次)：

i = ? 1↙

sum = 55

i = ? 11↙

sum = 0

（2）用 do…while 循环

```c
# include <stdio.h>
int main()
{
    int i,sum = 0;
    printf("i = ?");
    scanf("%d",&i);
    do{
        sum = sum + i;
        i++;
    } while(i< = 10);
    printf("sum = %d\n",sum);
    return 0;
}
```

运行结果(两次)：

i = ? 1↙

sum = 55

i = ? 11↙

sum = 11

图 5-5

可以看到,当输入 i 的值小于或等于 10 时,两者得到的结果相同。而当 i>10 时,两者结果就不同了。这是因为此时对 while 循环来说,一次也不执行循环体(表达式"i<=10"的值为假),而对 do…while 循环语句来说则至少要执行一次循环体。可以得到结论:当 while 后面的表达式的第 1 次的值为"真"时,两种循环得到的结果相同;否则,两者结果不相同。

5.3　for 循环语句

除了可以用 while 语句和 do…while 语句来实现循环外,C 语言还提供了 for 语句实现循环,而且 for 语句更为灵活,不仅可以用于循环次数已经确定的情况,还可以用于循环次数不确定而只给出循环结束条件的情况,它完全可以代替 while 语句。

例如:
```
for(i = 1;i < = 100;i + + )
{
    printf("%d",i);
}
```

它的执行过程如图 5-6 所示。它的作用是,输出 1～100,共 100 个整数。

for 语句的一般形式为

for(表达式 1;表达式 2;表达式 3)
　　　语句;

三个表达式的主要作用是

表达式 1:设置初始条件,只执行一次。可以为零个、一个或多个变量设置初值。

表达式 2:是循环条件表达式,用来判定是否继续循环。在每次执行循环体前先执行此表达式,决定是否继续执行循环。

表达式 3:作为循环的调整,例如使循环变量增值,它是在执行完循环体后才进行的。

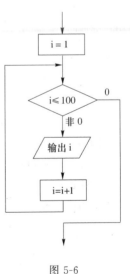

图 5-6

这样,for 语句就可以理解为

for(循环变量赋初值;循环条件;循环变量增值)
　　　语句;

可以用图 5-7 来表示 for 语句的执行过程。

例 5.4　用 for 语句求 $1+2+3+\cdots+100$,即 $\sum\limits_{n=1}^{100} n$。

解题思路:与例 5.1 和例 5.2 相似,用循环结构来处理。但要求用 for 语句来实现循环结构。

编写程序:
```
#include <stdio.h>
int main( )
```

```
{
    int i = 1,sum = 0;
    for(i = 1;i < = 100;i + + )
        sum = sum + i;
    printf("sum = % d\n",sum);
    return 0;
}
```

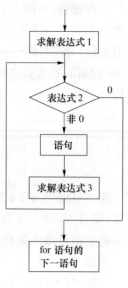

图 5-7

运行结果：

sum = 5050

程序分析：

其中的"i = 1"是给循环变量 i 设置初值为 1，"i < = 100"是指定循环条件。当循环变量 i 的值小于或等于 100 时，循环继续执行。"i + +"的作用是使循环变量 i 的值不断变化，以便最终满足终止循环的条件，使循环结束。

上面看到的 for 语句

```
for(i = 1;i < = 100;i + + )
    sum = sum + i;
```

其执行过程与图 5-1 完全一样，它相当于 while 语句：

```
i = 1;
while(i < = 100)
{
    sum = sum + i;
    i + + ;
}
```

显然，用 for 语句简单、方便。

说明：

(1) for 语句可以改写为 while 循环的形式：

```
表达式 1;
while(表达式 2)
{
    语句;
    表达式 3;
}
```

两者无条件等价。

(2) "表达式 1"可以省略，即不设置初值，但"表达式 1"后的分号不能省略。例如：

```
i = 1;
for(;i < = 100;i + + )
    sum = sum + i;    //for 语句中没有"表达式 1"
```

(3) "表达式 2"也可以省略，即不用"表达式 2"来作为循环条件表达式，不设置和检查循环的条件。如：

```
for(i = 1;;i ++ ) sum = sum + i;
```

此时循环无终止地进行下去,也就是认为表达式 2 始终为真,构成无限循环。它相当于:

```
i = 1;
while(1)
{
    sum = sum + i;
    i ++ ;
}
```

循环无终止地进行下去,i 的值不断加大。sum 的值也不断累加。

(4) 表达式 3 也可以省略,但此时程序设计者应另外设法保证循环能正常结束。例如:

```
for(i = 1;i< = 100;)      //没有表达式 3
{
    sum = sum + i;
    i ++ ;                //这时可以在循环体中使循环变量增值
}
```

在上面 for 语句只有表达式 1 和表达式 2,而没有表达式 3。i ++ 的操作没有放在表达式 3 的位置,而是作为循环体的一部分,效果是一样的,都能使循环正常结束。如果在循环体中无此"i ++ ;"语句,则循环体无止境的执行下去。

(5) 如果表达式 1 和表达式 3 都没有,只有表达式 2,即只给循坏条件。如:

```
i = 1;                    //给循环变量赋初值
for(;i< = 100;)          //没有表达式 1 和表达式 3,只有表达式 2
{
    sum = sum + i;
    i ++ ;                //在循环体中使循环变量增值
}
```

相当于:

```
i = 1;
while(i< = 100)
{
    sum = sum + i;
    i ++ ;
}
```

(6) 甚至可以将三个表达式都省略,例如:

```
for( ; ; ) printf(" % d\n",i);
```

相当于:

```
while(1) printf(" % d\n",i);
```

即不设初值,不判断条件(认为表达式 2 为真值),循环变量不增值。无终止地执行循环体语句,显然这是没有实用价值的。

(7) 表达式 1 可以是设置循环变量初值的赋值表达式,也可以是与循环变量无关的其他表达式。例如:

```
i = 1;
for(sum = 0;i< = 100;i + + ) sum = sum + i;
```

表达式 3 也可以是与循环控制无关的任意表达式。但不论怎样写 for 语句,都必须使循环能正常执行。

(8) 表达式 1 和表达式 3 可以是一个简单的表达式,也可以是一个逗号表达式,即包含一个以上的简单表达式,中间用逗号间隔。如:

```
for(sum = 0,i = 1;i< = 100;i + + ) sum = sum + i;
```

或

```
for(i = 0,j = 100;i< = j;i + + ,j-- ) k = i + j;
```

表达式 1 和表达式 3 都是逗号表达式,各包含两个赋值表达式,即同时设两个初值($i=0,j=100$),使两个变量增值($i++,j--$)。

(9) 表达式 2 一般是关系表达式(如 $i<=100$)或逻辑表达式(如 $a<b \&\& x<y$),但也可以是数值表达式或字符表达式,只要其值为非零,就执行循环体。分析下面两个例子:

① `for(i = 0;(c = getchar())! = '\n';i + = c);`

表达式 2 中先从终端接收一个字符赋给 c,然后判断此赋值表达式的值是否不等于'\n'(换行符),如果不等于'\n',就执行循环体。它的作用是不断输入字符,将它们的 ASCII 码相加,直到输入一个"换行"符为止。

注意:此 for 语句的循环体为空语句,把本来要在循环体内处理的内容放在了表达式 3 中,但作用是一样的。可见 for 语句功能强,可在表达式中完成本来应该在循环体内完成的操作。

② `for( ;(c = getchar())! = '\n';)`
    `printf(" % c",c);`

for 语句中只有表达式 2,而无表达式 1 和表达式 3。其作用是每读入一个字符后立即输出该字符,直到输入一个"换行"符为止。

运行结果:

    Computer↙ (输入)

    Computer (输出)

从上面的介绍可以知道,C 语言的 for 语句使用十分灵活,可以把循环体和一些与循环控制无关的操作也作为表达式 1 和表达式 3 出现,这样的程序可以短小简洁。

5.4 几种循环的比较

(1) 三种循环都可以用来处理同一问题,一般情况下它们可以互相代替。

(2) 在 while 循环和 do…while 循环中,while 后面的括号内指定循环条件,因此为了使循环能正常结束,应在循环体中包含使循环趋于结束的语句(如 $i++$,或 $i=i+1$ 等)。

for 循环可以在表达式 3 中包含使循环趋于结束的语句,甚至可以将循环体中的操作全部放到表达式 3 中。因此 for 语句的功能更强,凡是 while 循环能完成的,用 for 循环都能实现。

(3) 用 while 和 do…while 循环时,循环变量初始化的操作应在 while 和 do…while 语句之前完成,而 for 语句可以在表达式 1 中实现循环变量的初始化。

5.5　循环结构的嵌套

一个循环体内又包含另一个完整的循环结构,称为循环的嵌套。内嵌的循环中还可以嵌套循环,这就是多层循环。

三种循环(while 循环、do… while 循环和 for 循环)可以互相嵌套。例如分析如下程序段:

```
int i,j;
for(i = 1;i<10;i ++ )
{
    j = 1;
    while(j<10)
    {
        printf(" % 4d",i * j);
        j ++ ;
    }
    printf("\n");
}
```

5.6　跳 转 语 句

while 循环、do…while 循环和 for 循环,都是根据事先指定的循环条件正常执行和终止的循环。但有时当出现某种情况,需要提早结束正在执行的循环操作,可以用 break 语句跳出循环,用 continue 语句结束本次循环。

5.6.1　continue 语句

有时并不希望终止整个循环的操作,而只希望提前结束**本次**循环,而接着执行下次循环。这时可以用 continue 语句。

例 5.5　要求输出 100～200 之间不能被 3 整除的整数。

编写思路:显然需要对 100～200 之间的每一个整数进行检查,如果不能被 3 整除,就将此数输出;若能被 3 整除,就不输出此数。无论是否输出此数,都要接着检查下一个数(直到 200 为止)。流程图如图 5-8(a)所示。

编写程序：

```c
#include <stdio.h>
int main()
{
    int n;
    for(n = 100;n <= 200;n++)
    {
        if(n % 3 == 0)
            continue;
        printf(" %4d",n);
    }
    printf("\n");
    return 0;
}
```

运行结果：

100 101 103 104 106 107 109 110 112 113 115 116 119 121 122 124 125 127 128 130
131 133 134 136 137 139 140 143 145 146 148 149 151 152 154 155 157 158 160 161 163 164
166 167 169 170 172 173 175 176 178 179 181 182 184 185 187 188 190 191 193 194 196 197
199 200

程序分析：当 n 能被 3 整除时，执行 continue 语句，流程跳转到表示循环体结束的右花括号的前面（注意不是右花括号的后面），即流程跳过 printf 函数语句，结束本次循环，然后进行循环变量的增值（$n++$），只要 $n <= 200$，就会接着执行下一循环。如果 n 不能被 3 整除，就不会执行 continue 语句，而执行 printf 函数语句，输出不能被 3 整除的整数。

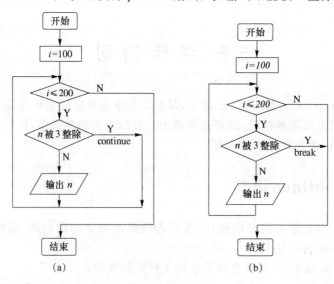

图 5-8

当然，例 5.5 中循环体中也可以不用 continue 语句，而改用一个 if 语句处理：

```
 if(n%3! = 0)printf(" %4d",n);
```
执行结果也一样。

continue 语句的一般形式为

```
    continue;
```

其作用为结束本次循环,即跳过循环体中下面尚未执行的语句,转到循环体结束之前,接着执行 for 语句中的"表达式 3"(本例中是 $n++$),然后进行下一次是否执行循环的判定。

5.6.2　break 语句

在 switch 语句中已经介绍过用 break 语句,可以使流程跳出 switch 结构,继续执行 switch 语句下面的语句。实际上,break 语句还可以用来从循环体内跳出循环体,即提前结束循环,接着执行循环下面的语句。

break 语句的一般形式为

```
    break;
```

其作用是使流程跳转到循环体之外,接着执行循环体下面的语句。

注意:break 语句只能用于循环语句和 switch 语句之中,而不能单独使用。

将上例 5.5 中"continue;"语句换作"break;"语句,执行结果:

100 101

流程图如图 5-8(b)所示。

break 语句和 continue 语句的区别:continue 语句结束本次循环,而不是终止整个循环执行。而 break 语句则是结束整个循环过程,不再判断执行循环的条件是否成立。

5.7　循环结构程序应用举例

例 5.6　用 $\frac{\pi}{4} \approx 1 - \frac{1}{3} + \frac{1}{5} - \frac{1}{7} + \cdots$ 公式求 π 的近似值,直到发现某一项的绝对值小于 10^{-6} 为止(该项不累加)。

解题思路:求 π 值可以用不同的近似方法,不同的方法求出的结果不完全相同(近似程度不同)。这是求 π 值的近似方法中的一种。

可以看出:$\frac{\pi}{4}$ 的值是由求一个多项式的值来得到的。这个多项式从理论上说包含无穷项。包含的项数越多,近似程度就越高。但是在实际运算时不可能加(减)到无穷项,只能在近似程度和效率之间找到一个平衡点。现在题目已明确,当多项式中的某一项的绝对值小于 10^{-6} 时,就认为足够近似了,可以据此计算出 π 的近似值了。

现在问题的关键是用什么方法能最简便地求出多项式的值。应当设法利用计算机的特点,用一个循环来处理就能全部解决问题。经过仔细分析,发现多项式的各项是有规律的:

（1）每项的分子都是 1；

（2）后一项的分母是前一项的分母加 2；

（3）第 1 项的符号为正，从第 2 项起，每一项的符号与前一项的符号相反。

找到这个规律后，就可以用循环来处理了。例如前一项的值是 $\frac{1}{n}$，则可以推出下一项为 $-\frac{1}{n+2}$，其中分母中 $n+2$ 的值是上一项分母 n 再加上 2，后一项的符号则与上一项符号相反。

在每求出一项后，检查它的绝对值是否大于或等于 10^{-6}，如果是，则还需要继续求出下一项，直到某一项的值的绝对值小于 10^{-6}，则不必再求下一项了，认为足够近似了。

编写程序：

```
# include <stdio.h>
# include <math.h>
int main()
{
    int sign = 1;                    //sign 用来表示数值的符号
    double pi = 0.0,n = 1.0,term = 1.0;
    //pi 开始代表多项式的值,最后代表 π 的值,n 代表分母,term 代表当前项的值
    while(fabs(term) >= 1e - 6)  //检查当前项 term 的绝对值是否大于或等于 10⁻⁶
    {
        pi = pi + term;              //把当前项 term 累加到 pi 中
        n = n + 2;                   //n + 2 是下一项的分母
        sign = - sign;               //sign 代表符号,下一项的符号与上一项符号相反
        term = sign/n;               //求出下一项的值 term
    }
    pi = pi * 4;                     //多项式的和 pi 乘以 4,才是 π 的近似值
    printf("pi = %10.8f\n",pi); //输出 π 的近似值
    return 0;
}
```

运行结果：

pi = 3.14159065

程序分析：

本题的关键是找出多项式的规律，用同一个循环体处理所有项的求值和累加工作。不论循环多少次，循环体不需改动，只需修改循环条件即可。例如，想提高精确度，要求计算到当前项的绝对值小于 10^{-8} 为止，只需改变 while 语句的条件即可。本程序输出的结果是 3.14159065，如果循环条件改为 while(fabs(term) >= 1e - 8)，则程序运行时输出：3.14159263。

例 5.7 求 Fibonacci 数列的前 40 个数。这个数列有如下特点：第 1,2 两个数为 1,1。从第 3 个数开始，该数是其前面两个数之和。即：

$$\begin{cases} F_1 = 1 & (n=1) \\ F_2 = 1 & (n=2) \\ F_n = F_{n-1} + F_{n-2} & (n \geqslant 3) \end{cases}$$

这是一个有趣的古典数学问题：有一对兔子，从出生后第三个月起每个月都生一对兔子。小兔子长到第三个月后每个月又生一对兔子。假设所有兔子都不死，问每个月的兔子总数为多少？

可以从表 5-1 中看出兔子繁殖的规律。

表 5-1　兔子繁殖的规律

月数	小兔子对数	中兔子对数	老兔子对数	兔子总数
1	1			1
2		1		1
3	1		1	2
4	1	1	1	3
5	2	1	2	5
6	3	2	3	8
7	5	3	5	13
⋮	⋮	⋮	⋮	⋮

可以看到每个月的兔子总数依次为 1,1,2,3,5,8,13⋯这就是 Fibonacci 数列。

解题思路：最简单易懂的方法是，根据题意，从前两个月的兔子数可以推出第 3 个月的兔子数。设第一个月的兔子数 f1＝1，第 2 个月的兔子数 f2＝1，则第 3 个月的兔子数 f3＝f1＋f2＝2。当然可以在程序中继续写：f4＝f2＋f3,f5＝f3＋f4⋯但这样程序烦琐冗长。应当善于利用循环来处理，这样就要重复利用变量名，一个变量名在不同时刻代表不同月的兔子总数。

这时，可以使用"**迭代法**"，即：首先用 f1 代表第 1 个月的兔子总数，f2 代表第 2 个月的兔子总数，f3 代表第 3 个月的兔子总数，f3＝f2＋f1。之后再求第 4 个月的兔子总数时，需要的是第 2 和第 3 个月的兔子总数，在此不要使用 f4、f5、f6 等变量名，而是把 f2（第 2 个月的兔子总数）赋给 f1，作为第 2 个月的兔子总数；把 f3（原来第 3 个月的兔子总数）赋给 f2，作为第 3 个月的兔子总数；再求 f3：f3＝f2＋f1，此时的 f3 就是第 4 个月的兔子总数。此后以此类推。算法 N-S 图，如图 5-9 所示。

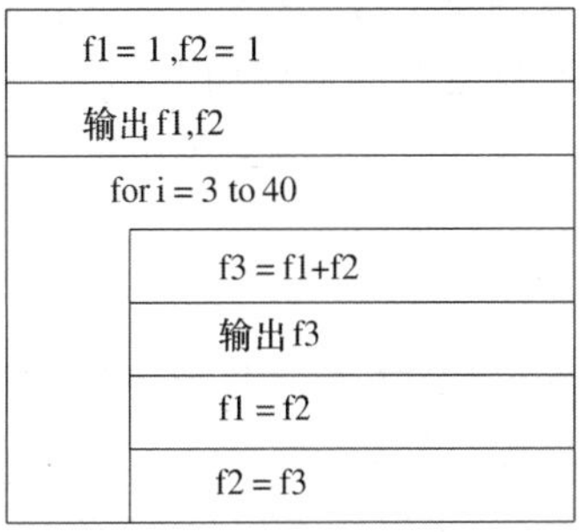

编写程序：

```
# include <stdio.h>
# include<math.h>
int main()
{
    int f1 = 1,f2 = 1,f3;
    int i;
    printf ("%12d%12d",f1,f2);
```

图 5-9

```
    for(i = 3;i< = 40;i + +)
    {
        f3 = f1 + f2;
        printf ("%12d",f3);
        if(i%4 = = 0)printf("\n");        //换行输出
        f1 = f2;
        f2 = f3;
    }
    return 0;
}
```

运行结果:

1	1	2	3
5	8	13	21
34	55	89	144
233	377	610	987
1597	2584	4181	6765
10946	17711	28657	46368
75025	121393	196418	317811
514229	832040	1346269	2178309
3524578	5702887	9227465	14930352
24157817	39088169	63245986	102334155

程序分析:程序共应输出 40 个月的兔子数,每执行一次循环输出一个月的兔子数,可以修改程序:在循环体中一次求出下两个月的兔子数,而且只用两个变量 f1 和 f2 就够了,不必用 f3。即,可以把 f1+f2 的结果不放在 f3 中,而放在 f1 中取代了 f1 的原值,此时 f1 不再代表前两个月的兔子数,而代表新求出来的第 3 个月的兔子数,再执行 f2+f1,由于此时的 f1 已是第 3 个月的兔子数,因此 f2+f1 就是第 4 个月的兔子数了,把它存放在 f2 中。可以看到此时的 f1 和 f2 已是新求出的最近两个月的兔子数。再由此推出下两个月的兔子数。算法 N-S 图,如图 5-10 所示。

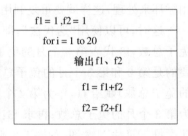

图 5-10

修改后的程序如下:
```
#include <stdio.h>
int main()
{
    int f1 = 1,f2 = 1;
    int i;
    for(i = 1;i< = 20;i + +)
    {                                //每个循环中输出 2 个月的数据,故循环 20 次即可
        printf("%12d%12d",f1,f2);    //输出已知的两个月兔子数
```

```
        if(i%2 == 0)printf("\n");
        f1 = f1 + f2;                    //计算出下一个月的兔子数,并存放在 f1 中
        f2 = f2 + f1;                    //计算出下两个月的兔子数,并存放在 f2 中
    }
    return 0;
}
```

if 语句的作用是使输出 4 个数后换行。i 是循环变量,当 i 为偶数时换行,由于每次循环要输出 2 个数(f1,f2),因此 i 为偶数时意味着输出了 4 个数,执行换行。

例 5.8　输入一个大于 3 的整数 n,判定它是否为素数(prime,又称质数)。

解题思路:采用的算法是,让 n 被 i 除(i 的值从 2 递增到 $n-1$),如果 n 能被 $2 \sim (n-1)$ 之中任何一个整数整除,则表示 n 肯定不是素数,不必再继续判断,因此,可以提前结束循环。注意:此时 i 的值必然小于 n。其流程图和 N-S 图,如图 5-11 所示。

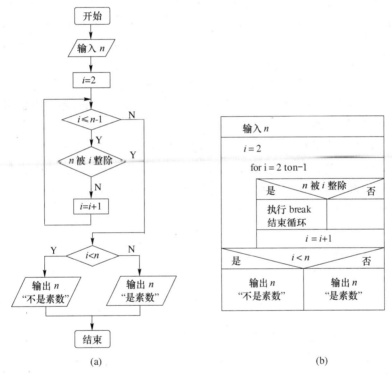

(a)　　　　　　　　　　　　　　　　(b)

图 5-11

编写程序:

```
#include <stdio.h>
int main()
{
    int n,i;
    printf("please enter a integer number,n = ?");
    scanf("%d",&n);
    for(i = 2;i<n;i++)
```

```
        if(n%i==0)break;
    if(i<n)printf("%d is not a prime number.\n",n);
    else printf("%d is a prime number.\n",n);
    return 0;
}
```

运行结果:

please enter a integer number,n = ? 17↙

17 is a prime number.

程序分析: 在图 5-11 中可以看到,如果 n 能被 $2\sim(n-1)$ 之间的一个整数整除(例如 $n=15$, $i=3$ 时, n 能被 3 整除),则执行 break 语句,提前结束循环,流程跳转到循环体之外。那么,怎样判定 n 是否素数从而输出相应的信息呢?关键是看结束循环时 i 的值是否小于 n,如果 n 能被 $2\sim(n-1)$ 之间的一个整数整除,则必然是由 break 语句导致循环提前结束,即 i 还未递增到 n 的值时,循环就提前终止了,显然此时 $i<n$。如果 n 不能被 $2\sim(n-1)$ 之间任何的一个整数整除,则不会执行 break 语句,循环变量 i 一直递增到等于 n,然后由第 1 个判断框判定"$i<n$"条件不成立,从而结束循环。这种正常结束的循环,其循环变量的值必然大于事先指定的循环变量终值 $n-1$。

因此,只要在循环结束后检查循环变量 i 的值,就能判定循环是提前结束还是正常结束的,如果是正常结束($i==n$),则 n 是素数,如果是提前结束($i<n$),则表明是因 n 被 i 整除而执行了 break 语句,显然不是素数。

程序改进: 其实 n 不必被 $2\sim(n-1)$ 范围内的所有整数去除,只需将 n 被 $2\sim n/2$ 间的整数除即可,甚至只需被 $2\sim\sqrt{n}$ 之间的整数除即可。例如,判断 17 是否为素数,只需将 17 被 $2\sim4$ 除即可,如都除不尽,n 必为素数。这样做可以大大减少循环次数,提高执行效率。

修改后的程序如下:

```
#include <stdio.h>
#include <math.h>
int main()
{
    int n,i,k;
    printf("please enter a integer number:n = ?");
    scanf("%d",&n);
    k = sqrt(n);
    for(i=2;i<=k;i++)
        if(n%i==0)break;
    if(i<=k)printf("%d is not a prime number.\n",n);
    else printf("%d is a prime number.\n",n);
    return 0;
}
```

运行结果:

please enter a integer number:n = ? 17↙

17 is a prime number.

例 5.9　求 100～200 间的全部素数。

解题思路：有了例 5.8 的基础，解本题就不难了，只要增加一个外循环，依次对 100～200 间的全部整数进行判定即可。也就是用一个嵌套的 for 循环即可处理。

编写程序：

```
# include <stdio.h>
# include <math.h>
int main()
{
    int n,k,i,m = 0;
    for(n = 101;n< = 200;n = n + 2)      //n 从 100 变化到 200,对每个 n 进行判定
    {    k = sqrt(n);
        for(i = 2;i< = k;i + + )
            if(n % i = = 0)break;         //如果 n 被 i 整除,终止内循环,此时 i< = k
        if(i>k)                          //若 i>k,表示 n 未曾被整除
        {    printf(" % 4d",n);
            m = m + 1;                   //m 用来控制换行,一行内输出 10 个素数
            if(m % 10 = = 0)printf("\n");        //m 累计到 10 的倍数,换行
        }
    }
    printf("\n");
    return 0;
}
```

运行结果：

```
101 103 107 109 113 127 131 137 139 149
151 157 163 167 173 179 181 191 193 197
199
```

习　　题

1. 输入两个正整数 m 和 n，求其最大公约数和最小公倍数。

2. 输入一行字符，分别统计出其中英文字母、空格、数字和其他字符的个数。

3. 输入所有的"水仙花数"，所谓"水仙花数"是指一个 3 位数，其各位数字立方和等于该数本身。例如：153 是一个水仙花数，因为 $153 = 1^3 + 5^3 + 3^3$。

4. 有一个分数序列：

$$\frac{2}{1},\frac{3}{2},\frac{5}{3},\frac{8}{5},\frac{13}{8},\frac{21}{13},\cdots$$

求出这个数列的前 20 项之和。

第6章 函　　数

在 C 语言程序中都会用到以"main"开头的主函数,也会经常调用 C 语言提供的 scanf 和 printf 函数。其中 main 是根据实际任务由用户自己编写,而 scanf 和 printf 是由 C 语言提供的库函数,只要根据需要调用即可。

每个函数用来实现一个特定的功能。一个实用的 C 语言源程序就是由若干个函数构成,这些函数可以是 C 语言提供的库函数,也可以是由用户编写的函数。程序执行时,总是从 main 函数开始,到 main 函数结束,主函数调用其他函数,其他函数可以相互调用。

编写 C 程序时,通常会把一个程序划分成几个模块,每个模块就是一个函数来实现部分功能,最简单的 C 语言程序也必须要有一个唯一的主函数。

6.1 库　函　数

C 语言提供有丰富的库函数,包括常用的输入/输出函数、数学函数、字符和字符串函数、动态分配函数等。用户只需要掌握正确调用库函数的方法即可,根据实际操作,调用相关函数方便地得到计算结果或进行指定的操作。

1. 调用 C 语言标准库函数时使用 include 命令行

在调用每一类库函数时,要求用户在源程序开头的 include 命令行中包含相应的头文件名。例如:

　　♯include <stdio.h>

stdio.h 头文件中对 scanf( )、printf( )、gets( )、puts( )、getchar( )、putchar( )等标准输入/输出函数做出声明。

使用 include 命令行时,必须以♯号开头,系统提供的头文件以.h 作为文件的后缀,文件名用一对双引号""或一对尖括号<>括起来。由于 include 命令行不是 C 语句,不可以在最后加分号。

2. 标准库函数的调用

对标准库函数的一般调用形式为

　　函数名(实参 1,实参 2,……)

函数名代表着调用该函数实现的功能,参数指的是参与函数运算的数据,可以是常量、变量或表达式。

C 语言中,库函数的调用有两种形式。

(1) 作为独立的语句完成某种操作。例如以下调用:

　　scanf("%d",&x);

　　printf("%10.2f\n",a);

（2）出现在表达式中。例如：

y = sin(x) + x;

for(a = 1;scanf(" % d",&b),a = b;printf(" % d",a));

注意：各个函数名、参数的类型和个数、函数值的类型必须与函数原型保持一致。

6.2 函数的定义和返回值

C语言虽然提供了丰富的库函数,但这些函数不可能满足每个用户的所有需求,还需要用户自己编写大量的函数。对于用户自定义的函数,在调用之前需要先按其功能来定义函数。

6.2.1 函数定义

（1）C语言函数定义的一般形式：

类型名 函数名(类型名 形参1,类型名 形参2,……)　　　　/ * 函数的首部 * /

{

　　　说明部分；　　　　　　　　　　　　　　　　　　　/ * 函数体 * /

　　　执行部分；

}

函数定义包括函数首部和函数体两部分。函数首部由函数名、函数类型和形参列表组成;函数体由一对花括号{ }及其中的语句序列组成。

（2）函数名和形参名是由用户命名的标识符。函数名用来唯一标识该函数,故在同一程序中,函数名必须唯一,形参名只要在同一函数中唯一即可,不同函数中形参可以同名。

（3）C语言规定,不能在函数内部嵌套定义函数。

（4）函数类型说明了函数返回值的类型,可以是除了数组外的任何合法的数据类型。如果在函数首部省略了函数类型,默认函数返回值的类型为 int 类型,函数首部是：

函数名(类型名 形参1,类型名 形参2,……)

（5）除了返回值类型是 int 类型外,函数必须先定义(或说明)后调用。

（6）如果函数只是完成某些操作,没有函数值返回,则把函数定义为 void。

（7）若有多个形参,不管形参类型是否相同都必须分别说明参数类型,各参数间用逗号分隔。例如：

max(int a,int b)

不能写成：max(int a,b)

（8）定义的函数可以没有形参,函数体也可以是空的。例如：

void f1( ) { }

函数体为空表示不做任何操作,但一对大括号不能省略。上面函数的类型 void 说明函数无返回值,像这种什么也不做的函数,在程序开发时作为一个虚设的部分常常也是很有用的。根据函数是否带有参数,把函数分为有参函数和无参函数两种,若函数不带参数,函数名后的圆括号不能省略。

例 6.1 编写函数比较两个数中较大的数。

```c
int max(int m,int n)
{
    int t;
    t = m>n? m:n;
    return(t);
}
```

上面程序段中,定义了一个类型为 int 名为 max 的函数,该函数有两个类型相同的形参,函数返回值 t 的类型也是 int。调用函数时,主调函数将实参的值传递给形参,然后执行条件表达式,将 m 和 n 中较大的数赋值给 t,再由 return(t)将 t 的值作为函数返回值带回到主调函数中。

注意: 用户自定义函数时,除了形参,凡是用到的其他变量都要在函数体中的说明部分进行定义,所有这些变量(包括形参),只有在函数被调用时才临时开辟存储单元,调用结束后,这些临时开辟的存储单元全被释放掉。这种变量称为局部变量,只在函数体内部起作用,与其他函数体内的变量互不影响,它们可以和其他函数中的变量同名。函数体的说明部分,总是放在函数体中所有可执行语句的前面。上面 max 函数中的变量 t、m 和 n,在退出 max 函数后,所占的存储单元都不再存在。

6.2.2 函数的返回值

函数返回值是指调用函数时,执行函数体中的程序段并带回到主调函数的值。函数可以有返回值,也可以没有返回值。

函数的返回值一般通过 return 语句实现,一般形式为

return 表达式; 或   return(表达式);

执行时,先计算表达式的值,然后把该值带回到主调函数中。因此 return 语句中表达式的值就是所求的函数值,表达式值的类型必须要与函数首部说明的类型一致。如果类型不一致,则以函数值的类型为准,由系统自动进行转换。

例 6.2 编写程序比较两个实数的大小。

解题思路: 比较两个实数大小,结果也必然是实数,即函数返回值类型是实型,并有两个实型的参数,比较结束后把较大的值返回到主调函数。

编写程序:

```c
#include<stdio.h>
int max(float m,float n)                    /*定义比较的函数*/
{
    float t;
    t = m>n? m:n;
    return(t);                              /*把比较结果带回 main 函数*/
}
```

```
void main( )
{
    float a,b;   int c;
    printf("input a,b:");
    scanf("%f%f",&a,&b);              /* 输入比较的两个实数 */
    c = max(a,b);                     /* 调用 max 函数 */
    printf("The max is %d\f",c);
}
```

运行结果:

input a,b:10.6   5.8

The max is 10

程序分析: 执行上面程序时,主调函数 main 调用函数 max,实参 a,b 的值传递给形参 m,n,把 m,n 比较后的大值赋值给 t,返回 t 的值时,由于 t 的类型是 float,而函数的返回类型是 int,出现不一致的情况,按 C 语言规定,先将 t 的值转换为 int,再作为返回值带回到主调函数。程序结果是 10,而不是 10.6。

注意: (1) 同一个函数中,为了在函数体的不同位置都能退出函数,可以使用多个 return 语句,但是 return 语句只能执行一次。执行到 return 语句时,程序的流程就转到调用该函数的位置并返回函数值。

例 6.3 修改例 6.1 函数 max 为如下形式。

```
int max(int m,int n)
{
    if(m>=n)   return(m);
    else       return(n);
}
```

在以上函数中虽然有两个 return 语句,但要根据条件选择执行 return(m) 或 return(n) 中的一个语句,return 语句只能执行一次。

(2) return 语句中可以不含表达式,这时必须定义函数为 void 类型,其作用只是使程序流程返回到主调函数,不带回确定的函数值。

(3) 函数体内也可以没有 return 语句,同样必须定义函数为 void 类型,程序一直执行到函数尾部的"}",然后返回到主调函数,不带回确定的函数值。

6.3 函数的调用

只有通过调用函数,才能实现函数定义的特定功能。

6.3.1 函数的调用方式

函数的一般调用形式:

函数名(实参 1,实参 2,……)

实参的个数和类型必须与被调函数中的形参一一对应,有多个实参时,各参数之间用逗号分隔。

如果被调函数没有形参时,调用形式为

  函数名( )   / * 函数名后面的一对圆括号不能少 * /

函数调用通常有以下三种方式:

(1) 函数调用作为一个独立的语句,仅进行某种操作而不返回函数值。例如:

  scanf(" % d",&x);

(2) 函数调用出现在一个表达式中,用来运算某个值,此时要求函数必须返回一个确定的值。例如:

  m = max(a,b) + 10;

(3) 函数调用作为另一个函数调用时的参数来用,同样要求函数必须返回一个确定的值。例如:

  m = max(max(a,b),c);   / * 找出 a,b,c 中的最大数 * /

执行上面的语句时,第一次调用 max(a,b),把它的值作为第二次调用 max 的实参,这种调用形式称为嵌套调用。

注意:定义函数时函数名后面圆括号中的变量名称为"形式参数"(简称形参);在主调函数中调用函数时,函数名后面圆括号中的参数称为"实际参数"(简称实参),实参可以是常量、变量或表达式,但必须是确定的值。

6.3.2 函数调用时的语法规定

(1) 调用函数时,必须保证函数名和被调用函数名的一致。

(2) 实参与形参不仅在个数上要相同,尤其注意在类型上也要按对应位置一一匹配;如果类型不匹配,实参为 float 而形参为 int,或者相反,C 编译程序则按赋值兼容的原则进行转换;若实参和形参的类型不赋值兼容,通常不会报错,程序继续执行,只是得到不正确的结果。

(3) C 语言规定,除函数的返回值类型为 int 或 char 外,其他类型的函数必须先定义后调用,在源程序中,函数定义的位置要放在函数调用之前。如果函数的返回值类型为 int 或 char,函数的定义可以放在函数调用之后。例如:

```
float f1(float x,float y)        或者      void main( )
{                                          {
   …                                          int a,b,m;
}                                             …
void main( )                                  m = f2(a,b);
{                                             …
   float a,b,m;                            }
   …                                       int f2(int x,int y)
   m = f1(a,b);                            {
   …                                          …
}                                          }
```

例 6.4 编写程序求两个实数之和。

解题思路：两个实数相加结果肯定也是实数，sum 函数返回值类型为实型，它有两个实型的形参，由主调函数的实参向其传递值。

编写程序：

```
#include <stdio.h>
float sum(float m,float n)                    /*定义求和函数 sum*/
{
    return(m+n);                              /*把两数之和作为函数值返回*/
}
void main( )
{
    float x,y,s;
    printf("input x,y:");
    scanf("%f,%f",&x,&y);
    s=sum(x,y);                               /*调用 sum 函数*/
    printf("x+y=%f\n",s);
}
```

运行结果：

```
input x,y:2.5,3.5
x+y=6.000000
```

程序分析：上面的程序是一个简单的函数调用，函数 sum 的作用是求两个实数之和，如果求三个实数之和呢？ 在 sum 函数不变的情况下，只需要修改 main 函数。

```
void main( )
{
    float x,y,z,s;
    printf("input x,y,z:");
    scanf("%f,%f,%f",&x,&y,&z);
    s=sum(sum(x,y),z);                        /*调用 sum 函数*/
    printf("x+y+z=%f\n",s);
}
```

执行上面的语句时，对 sum 函数调用了 2 次。第一次调用 sum(x,y)，求出两个实数之和，把它的值作为第二次调用 sum 的实参，从而求出三个实数之和。

（4）函数可以直接或间接地调用自己，称为递归调用。

例 6.5 编写程序求 $n!$。

解题思路：使用递归方法来求 $n!$，即 $10!=10\times9!$，$9!=9\times8!$，……，$2!=2\times1!$，$1!=1$，由此可归纳为以下公式：

$$n!=1 \qquad (n=0,1)$$
$$n!=n\times(n-1)! \qquad (n>1)$$

编写程序：

```
#include <stdio.h>
long f3(int n)
{
    long s;
    if(n<0)
        printf("n是大于0的整数");
    else  if(n==0 || n==1)
            s=1;
        else   s=f3(n-1)*n;
    return s;
}
void main( )
{
    int n;
    long y;
    printf("input n:");
    scanf("%d",&n);
    y=f3(n);
    printf("%d! = %ld",n,y);
}
```

运行结果：

input n:6

6! = 720

程序分析： 上面的程序在执行时，主调函数 main 调用函数 f3，程序流程转到 f3 函数中执行。若 n<0 或 n=0 或 n=1 都将结束函数调用返回到 main 函数中；若 n>1 则对 f3 函数进行递归调用。输入 n 的值为 6，在 main 函数中的调用语句是 y=f3(6)，第一次调用，因为 n>1 执行 s=f3(n-1)*n，即 s=f3(6-1)*6，该语句对 f3 函数进行第二次调用即 f3(5)，按这样的方式一直调用到 f3(1) 为止，不再继续调用而开始逐层返回，f3(1) 的返回值是 1，f3(2) 的返回值是 1*2=2，f3(3) 的返回值是 2*3=6，依次类推直到 f3(6) 的返回值是 120*6=720。f3 函数共被调用 6 次，其中 f3(6) 是被 main 函数调用，其他 5 次是 f3 函数自己调用自己，即递归调用。

6.4　函数的声明

对于用户自定义的函数，通常要遵循"先定义，后调用"的原则。凡是未在调用前定义的函数，C 编译程序会把函数的返回值类型默认为 int，而对于返回值是其他类型的函数，函数调用的位置出现在函数定义之前，就需要在函数调用之前对函数进行声明。

函数声明就是把将要调用的函数的函数名、函数类型、参数类型和个数告诉编译系统，以便在调用函数时编译系统能够正确识别函数并检查调用是否正确。

6.4.1 函数声明的形式

函数声明包括函数名、函数类型、参数类型、个数和顺序，它与函数定义的首部（也称为函数原型）基本相同。函数声明的一般形式：

类型名 函数名（类型名 形参名 1，类型名 形参名 2，……）

函数定义的首部加上一个分号就是函数声明语句。函数声明中的形参名没有实际意义，可以省略，但参数类型、个数和顺序必须要和首部保持一致。例如：

float sum(float m,float n);也可以写成:float sum(float,float);

函数声明通常作为一个独立的说明语句出现在程序中，也可以出现在变量定义的语句中。例如：

float x,y,sum(float m,float n);

使用函数声明可以使 C 语言的编译系统对被调用函数进行全面的检查，对调用的合法性作出判断。若发现函数调用与函数声明不一致，如函数名不同，或者实参的个数和形参的个数不同，编译系统都会及时报错，提示语法错误，用户可根据屏幕提示的出错信息进行改正，从而保证程序的正确运行。

注意：函数声明和函数定义是两个不同的概念。函数定义是确立和实现函数的功能，包括函数名、函数类型、形参的名称、类型和个数以及函数体，是一个独立的完整的函数单元；函数声明仅包括函数名、函数类型、形参类型和个数，没有函数体。

6.4.2 函数声明的位置

例 6.6 编写程序判断某数是否为素数。

解题思路：判断某数 x 是否为素数的算法是让 x 被 $2\sim x/2$ 范围内的各整数去除，若都除不尽，则是素数，否则不是素数。

编写程序：

```
#include <stdio.h>
int prime(int);                    /* 对函数 prime 声明 */
void main( )
{
    int x;
    printf("input a number：");
    scanf("%d",&x);
    if(prime(x))                   /* 调用函数 prime */
        printf("%d is prime\n",x);
    else
```

```
        printf("%d is not prime\n",x);
    }
    int prime(int y)                          /* 定义函数 prime */
    {
        int i;
        for(i = 2;i <= y/2;i ++)
            if(y % i == 0)  return 0;          /* 不是素数返回 0 */
        return 1;                              /* 素数返回 1 */
    }
```

运行结果：

input a number:321

321 is prime

程序分析： 在上面的程序中，对函数 prime 的声明放在所有函数的外部、被调用之前的位置，这种放在源程序文件开头位置的声明称为"外部声明"，外部声明在整个文件范围内都是有效的。

注意： 当函数声明调用放在主调函数内部的说明部分，如在 main 函数内部进行说明，则只能在 main 函数内部才能识别该函数。

6.5 函数调用时的数据传递

1. 数据传递方式

在调用有参函数时，主调函数和被调函数之间会有数据的传递。数据传递的方式有以下三种：

（1）实参和形参之间进行数据传递。

（2）使用 return 语句把函数值带回到主调函数。

（3）借助全局变量，但一般不建议使用。

调用函数时，主调函数中实参的值按对应位置单向传递给被调函数中的形参，称为"按值"传递，因此要求实参和形参的类型要一致或赋值兼容。

例 6.7 编写程序实现数据的单向传递。

解题思路： 调用函数，实参向形参传递值，交换两个形参的值，验证形参值的变化是否影响实参的值。

编写程序：

```
#include <stdio.h>
void f4(int,int);                            /* 对函数 f4 声明 */
main()
{   int a = 50,b = 10;
    printf("(1) a = %d,b = %d\n",a,b);        /* 输出 a,b 原来的值 */
    f4(a,b);
```

```
        printf("(4) a = %d,b = %d\n",a,b);      /* 调用结束后再次输出 a,b 的值 */
}
void f4(int x,int y)                            /* 定义交换函数 */
{   int z;
        printf("(2) x = %d,y = %d\n",x,y);      /* 输出形参原来的值 */
        z = x;x = y;y = z;                      /* 交换形参的值 */
        printf("(3) x = %d,y = %d\n",x,y);      /* 输出交换以后形参的值 */
}
```

运行结果：

(1) a = 50,b = 10

(2) x = 50,y = 10

(3) x = 10,y = 50

(4) a = 50,b = 10

程序分析:实参 a 和 b 的值单向传递给对应的形参 x 和 y。在函数 f4 内部交换 x 和 y 的值,但形参值的变化不改变对应实参的值。实参和形参的数据变化如图 6-1 所示。

2. 函数调用的过程

分析例 6.7 中函数调用的过程。

(1) 形参只有在出现函数调用时,才会被分配存储单元,函数调用结束后,释放所占用的存储单元。

(2) 函数 main 调用 f4 函数时,实参的值要传递给形参,实参必须要有确定的值。如图 6-1 所示,a 的值传给 x,b 的值传给 y。

(3) 执行 f4 函数,分别输出形参 x 和 y 的值和交换以后的值。

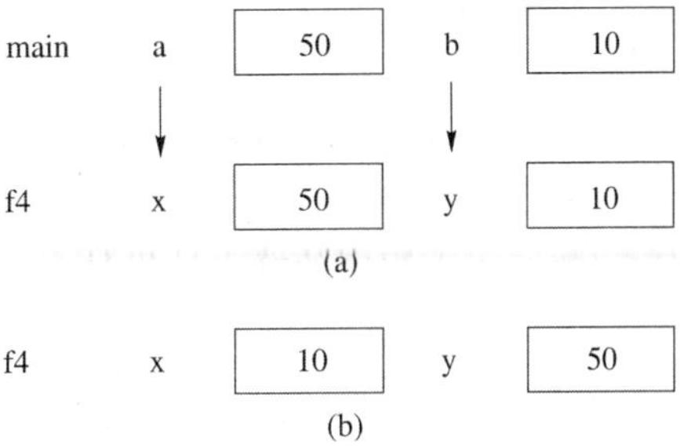

图 6-1　实参和形参的数据变化

(4) 调用结束后,释放形参占用的存储单元,实参存储单元仍保留原来的值。实参和形参在内存中占用不同的存储单元,他们之间只能进行单向的值传递,无论形参的值在函数中怎么变化都不会影响到实参。

习　　题

1. 以下叙述中不正确的是( )。

A. C 语言程序总是从 main 函数开始执行

B. C 语言程序中 main 函数可以不放在程序的开头部分

C. 函数声明和函数定义是不一样的

D. C 语言程序必须要从第一个定义的函数执行

2. 执行以下程序,程序的运行结果是( )。

```
#include <stdio.h>
```

```
int fun(int m,int n,int t)
{   t = m/n;   }
main( )
{   int x;
    fun(10,5,x);
    printf("%d\n",x);
}
```

A. 0   B. 2   C. 无确定值   D. 5

3. 执行以下程序的输出结果是(   )。

```
#include <stdio.h>
double ff(double a,double b,double c)
{   a + = 1.0; c = c + b; return c;   }
main( )
{   double x = 4.2,y = 9;
    printf("%f\n",ff(x + y,x,y));
}
```

A. 13.2   B. 13.200000   C. 9.000000   D. 9

4. 在函数调用语句 fun((a1,a2),(b1,b2,b3)); 中包含的实参个数是(   )。

A. 5   B. 3   C. 2   D. 1

5. 执行以下程序的输出结果是(   )。

```
#include <stdio.h>
int fun(int x,int y)
{   return x + y;   }
main( )
{   int a = 5,b = 6,c = 7;
    c = fun((a + + ,b - - ,a + b),c + +);
    printf("%d\n",c);
}
```

A. 18   B. 20   C. 19   D. 16

6. 编写函数用来比较两个数中较小的数。

7. 编写函数用来判断某个数是否为素数。

8. 编写两个函数分别用来求两个整数的最大公约数和最小公倍数。

9. 编写函数,用"冒泡法"对输入的 10 个整数从小到大进行排序。

10. 给出年、月、日,计算该日是该年的第几天。

第7章 数 组

前面章节中学习了 C 语言中允许使用的基本数据类型,如整型、实型和字符型,使用基本类型能处理简单的数据,但处理大批量的数据时,就会出现问题。例如,一个班有 50 名学生,每个学生有一个成绩,求全班的平均成绩。算法是将 50 个成绩求和,然后除以 50。看似简单,但实际处理数据时,需要用 50 个变量来表示每个学生的成绩,显然很烦琐。为处理方便,把具有相同性质的数据(一个班的学生成绩)按一定顺序组织起来,用同一个名字表示,在名字的右下角加一个数字序号表示第几个学生的成绩。

相同类型的若干数据有序构成的集合称为数组,是一种构造数据类型。构成数组的每个数据称为元素,元素具有相同的数组名,但具有不同的下标,C 语言规定用方括号中的数字来表示下标,如 a[4]。

7.1 一维数组的定义和引用

一维数组名只加一个下标,如上面提到的学生成绩数组就是一维数组。要使用数组必须先定义数组,包括数组中有多少元素,元素是什么数据类型等。

7.1.1 一维数组的定义

一维数组定义的语句形式:

类型名 数组名[整型常量表达式]

类型名可以是任何一个基本数据类型或构造数据类型;数组名是用户自定义的合法标识符;整型常量表达式代表数组元素的个数,也称为数组的长度。例如:int a[5];其中 a 是一维数组名,int 是类型名,说明 a 是整型数组,每个元素都是整型,在元素中只能存储整型数,该数组包含 5 个元素。

一维数组元素只能有一个下标,C 语言规定第一个元素的下标为 0,数组 a 的 5 个元素依次为 a[0]、a[1]、a[2]、a[3]、a[4]。C 编译系统将为数组 a 在内存中分配 5 个连续的存储单元,如图 7-1 所示。

图 7-1 数组在内存中占用的存储单元

数组定义时要注意以下几点：

（1）同一个数组中所有元素的类型都是相同的，数组的类型就是元素的类型。

（2）同一个程序中数组名和普通变量名不能相同，可以把数组和普通变量的定义放在同一个语句中。例如：

int a,b,s[10];

（3）数组名后面的方括号中只能是整型的常量或常量表达式。例如：

char c,c1[10+10];

但是下面定义的形式是错误的。例如：

int a[n];   /* n 是已经定义的一个变量 */

不能用变量表示元素的个数，C 语言不允许对数组的长度作动态定义。

（4）可以同时定义多个数组，它们之间用逗号分隔。例如：

float a[10],b[10],c[10];

7.1.2 一维数组元素的引用

一个数组由若干元素组成，每个元素就是一个变量，代表内存中的一个存储单元，C 编译系统为数组分配一串连续的存储单元。数组只能对元素引用而不能对数组整体引用。一维数组元素只有一个下标，引用的一般形式为

数组名[下标表达式]

下标表达式可以是任意的合法整型表达式。例如：

    float a[10];

那么 a[0]、a[i]、a[i+1]+1 都是对数组元素的合法引用，每个下标表达式代表了该元素在数组中的位置，值的下限为 0，上限为 9。C 语言程序在运行时，系统不对数组元素的下标作出检查，因此在编写程序时一定要保证数组下标不越界。

例 7.1 定义一个数组并对元素依次赋值，最后逆序输出各个元素。

解题思路：定义长度为 10 的数组 s，依次对数组元素赋值，需要用循环结构。逆序输出时，先输出最后的元素，下标要按从大到小的顺序输出元素。

编写程序：
```
#include <stdio.h>
main()
{
    int s[10],i;
    for(i=0;i<=9;i++)
        a[i]=i+1;
    for(i=9;i>=0;i--)
        printf("%3d",a[i]);
    printf("\n");
}
```

运行结果：

10 9 8 7 6 5 4 3 2 1

程序分析： 引用数组元素时，要搭配循环结构实现对元素的逐个引用，而不能对数组整体引用。

7.1.3 一维数组的初始化

定义数组后，数组在内存中占用连续的存储单元，但这些存储单元中没有确定的值，如果要引用数组元素，就需要对数组元素赋初值。在定义数组的同时对各元素赋值，称为数组的初始化。初始化的一般形式为

类型名 数组名[整型常量表达式] = {值 1, 值 2, 值 3, ……}

例如：

int a[6] = {6,5,4,3,2,1};

经过初始化操作后，数组 a 的 6 个元素按序依次被赋值，相当于 a[0] = 6，a[1] = 5，a[2] = 4，a[3] = 3，a[4] = 2，a[5] = 1。

注意：

(1) 可以只给数组中的部分元素赋值。例如：

int a[10] = {1,3,5,7};

数组 a 有 10 个元素，但初值只有 4 个，只能对前 4 个元素赋初值，其余 6 个元素由系统自动赋初值为 0。

(2) 若要数组中的元素初值都为 0，可以写成：

int a[10] = {0}; 相当于 int a[10] = {0,0,0,0,0,0,0,0,0,0};

(3) 若对数组元素全部赋初值时，可以省略数组长度。例如：

int a[6] = {0,2,4,6,8,10}; 可以写成 int a[ ] = {0,2,4,6,8,10};

未指定数组 a 的长度，系统会根据提供的初值个数确定数组 a 有 6 个元素。

当所赋初值个数少于所定义数组的元素个数时，系统自动给后面的元素赋值为 0；当所赋初值个数大于所定义数组的元素个数时，系统会出现报错信息。

例 7.2 定义一个包含 15 个元素的数组，按序给元素赋偶数 0、2、4、…，然后按每行 5 个数顺序输出。

解题思路： 先定义整型数组 b[15]，利用 for 循环依次给数组元素赋偶数值，然后还用 for 循环逐个输出数组元素，可以利用循环变量控制换行输出。

编写程序：

```
#include <stdio.h>
main( )
{
    int b[15],i;
    for(i = 0;i<15;i++)
        b[i] = 2 * i;                        /* 对数组元素赋值 */
    for(i = 0;i<15;i++)
```

```
    {   printf(" % 3d",b[i]);
        if((i | 1) % 5 - - 0)                        / * 利用 i 控制换行输出 * /
            printf("\n");   }
}
```

运行结果:

```
        0   2    4    6    8
       10  12   14   16   18
       20  22   24   26   28
```

例 7.3 使用冒泡法对 10 个整数排列顺序。

解题思路:排序方式有"升序"和"降序"两种,冒泡法属于升序。基本方法是每次比较相邻的两个数,把小数放在前面。若有 5 个数 5,4,3,2,1。第 1 次比较把 5 和 4 交换,第二次比较把 5 和 3 交换,第三次比较把 5 和 2 交换,第四次比较把 5 和 1 交换,最后得到 4,3,2,1,5 的顺序,经过第一轮比较,已经得到最大的数 5,共交换了 4 次;继续第二轮比较,得到3,2,1,4,5 的顺序,共交换了 3 次;第三轮比较,得到 2,1,3,4,5 的顺序,共交换了 2 次;第四轮比较,得到 1,2,3,4,5 的顺序,只交换了 1 次。

由此可以归纳出,如果有 n 个数,需要进行 $n-1$ 轮比较,而在第 j 轮比较中需要进行 $n-j$ 次两两交换。

编写程序:

```
# include <stdio. h>
main( )
{
    int i,j,t,a[10];
    printf("input 10 numbers:\n");
    for(i = 0;i<10;i + +)
        scanf(" % d",&a[i]);                      / * 输入 10 个要排序的整数 * /
        for(j = 0;j<9;j + +)                       / * 10 个数进行 9 轮比较 * /
        for(i = 0;i<9 - j;i + +)                   / * 每轮进行 9 - j 次比较 * /
                if(a[i]>a[i + 1])
                    {t = a[i];a[i] = a[i + 1];a[i + 1] = t;}
    printf("the sorted numbers is:\n");
    for(i = 0;i< = 9;i + +)
            printf(" % 4d",a[i]);
        printf("\n");
}
```

运行结果:

```
input 10 numbers:
10 5 20 19 21 4 7 14 23 30
the sorted numbers is:
4 5 7 10 14 19 20 21 23 30
```

　　程序分析:使用两层循环实现冒泡排序。j 变量控制外层循环,10 个数排序需要进行 9 轮比较,j 初值为 0,即 j<9。i 变量控制内层循环,执行第 j 轮外循环,需要执行 n−j 轮内循环,i 初值为 0,即 i<9−j。

7.2　二维数组的定义和引用

7.2.1　二维数组的定义

　　一个班学生的成绩可以用一维数组来处理,那如果是若干个班的成绩呢? 比如有 3 个班,每班 50 名学生,将所有学生的成绩用数组存储起来,就需要用到二维数组。C 语言中允许构造多维数组,多维数组元素有多个下标。二维数组第一个下标代表第几班,第二个下标代表第几个学生。

　　二维数组定义的一般形式:

　　　　类型名　数组名[常量表达式 1][常量表达式 2];

　　二维数组必须要用两个方括号括起常量表达式,并且常量表达式的值只能是整数。例如:

　　　　　　int a[3][3];

　　上面定义了一个 int 类型的二维数组,第 1 维有 3 个元素,第 2 维有 3 个元素,该数组共有 3×3 个元素。逻辑上常把二维数组看作是由行和列组成的矩阵,数组 a 为 3 行 3 列,其逻辑结构可理解为图 7-2 所示。

　　二维数组每个元素有两个下标,第一个方括号中的下标称行下标,第二个方括号中的下标称列下标,行列下标的下限都为 0。

	第 0 列	第 1 列	第 2 列
第 0 行	a[0][0]	a[0][1]	a[0][2]
第 1 行	a[1][0]	a[1][1]	a[1][2]
第 2 行	a[2][0]	a[2][1]	a[2][2]

　　虽然在逻辑上把二维数组看作矩阵,但在内存中二维数组元素是按行顺序存放的,也就是先存放第一行的元素,再存放第二行的元素,如图 7-3 所示。

图 7-2

　　二维数组也可以看作是一个特殊的一维数组:它的元素又是一个一维数组。如上面数组 a 可以看成包含 a[0]、a[1]和 a[2]三个元素的一维数组,其中每个元素又是由 3 个元素组成的一维数组,其中 a[0]包含 a[0][0]、a[0][1]和 a[0][2]。

a[0][0]	a[0][1]	a[0][2]	a[1][0]	a[1][1]	a[1][2]	a[2][0]	a[2][1]	a[2][2]
第 0 行元素			第 1 行元素			第 2 行元素		

图 7-3

7.2.2　二维数组元素的引用

二维数组元素引用的一般形式：

　　数组名[下标表达式 1][下标表达式 2]

下标表达式 1 代表行下标,下标表达式 2 代表列下标,从 0 开始,取值要满足下标值允许的范围。例如：

　　double f[4][3];

那么 f[0][2]、f[i][j]+1、f[i+1][i+j]都是合法的引用形式,但 f[0,2]是错误的。

例 7.4　编写程序,把 9 个整数存放到二维数组并输出。

解题思路:已知二维数组元素个数为 9,则数组为 3 行 3 列。分别用两个变量 i、j 作为行下标和列下标,通过键盘向二维数组输入数据,然后输出元素值。

编写程序:

```
#include <stdio.h>
main( )
{   int a[3][3],i,j;
    printf("input 9 numbers:\n");
    for(i = 0;i<3;i++)
        for(j = 0;j<3;j++)
            scanf("%d",&a[i][j]);
    printf("output 9 numbers:\n");
    for(i = 0;i<3;i++)
        { for(j = 0;j<3;j++)
            printf("%4d",a[i][j]);              /* 按行输出元素 */
        printf("\n"); }                         /* 输完一行元素之后换行 */
}
```

运行结果:

```
input 9 numbers:
9 8 7 6 5 4 3 2 1
output 9 numbers:
   9   8   7
   6   5   4
   3   2   1
```

程序分析:对二维数组元素的引用需要用到两层循环,外循环控制对行的操作,内循环控制对列的操作。

7.2.3　二维数组的初始化

在定义二维数组的同时,对元素进行赋值完成初始化操作。可以连续赋值,也可以按行赋值,值放在一对大括号中。

(1) 按数组元素在内存中的存储顺序对元素赋值。例如：

int a[3][2]={2,4,6,8,10,12};

(2) 按行对数组元素赋值，每行的值均放在一对大括号中。例如：

int a[3][2]={{2,4},{6,8},{10,12}};

(3) 只对部分元素赋值，未赋值的元素自动为 0。例如：

int a[3][2]={{2},{8,1}};　　或者 int a[3][2]={{2},{},{8,1}};

(4) 若对全部元素都赋值，可以省略第一维的长度，但第二维长度必须指定。例如：

int a[ ][3]={2,4,6,8,10,12};

系统会根据值的总个数和第二维长度计算出第一维的长度。共 6 个元素值，每行有 3 列，所以有 2 行。

如果是按行赋值，即使只对部分元素赋值，也可以省略第一维的长度。例如：

int a[ ][3]={{2,4},{6},{0,12}};

很明显能够看出数组共有 3 行。

例 7.5　编写程序，求出二维数组中最大的元素值及其所在的位置。

解题思路: 定义变量 m 存放最大值，开始先把第一个元素的值赋给 m，假设它是最大的，然后用 m 和第二个元素比较，如果第二个元素大于 m，就把第二个元素的值赋给 m，m 继续和下一个元素比较，直到最后一个元素，此时 m 就是最大的值。

编写程序:

```
#include <stdio.h>
main( )
{   int i,j,t1,t2,m;
    int a[3][3]={3,5,2,10,20,6,22,8,0};
    m=a[0][0];                          /*将a[0][0]先看作大值*/
    t1=0; t2=0;                         /*此时大值的位置用下标表示*/
    for(i=0;i<3;i++)
        for(j=0;j<3;j++)
            if(a[i][j]>m)
            {
                m=a[i][j];              /*新的大值取代原值*/
                t1=i;                   /*重新标识大值的位置*/
                t2=j; }
    printf("最大值是:%d,元素是 a[%d][%d]\n",m,t1,t2);
}
```

运行结果:

最大值是:22,元素是 a[2][0]

7.3 字 符 数 组

C 语言程序设计中,经常处理字符串的数据,但是只能使用字符串常量,而没有字符串变量类型,字符串是存放在字符数组中的。字符数组也可以是一维、二维或多维。

7.3.1 字符数组的定义

字符数组是存放字符型数据的,数组中的每个元素存放一个字符,在内存中占用一个字节。定义的一般形式:

    char 数组名[常量表达式];

例如: char s[8];

字符数组的定义和数值型数组的定义相同,而且字符型数据以 ASCII 代码(整数形式)存放,所以也能用整型数组存放字符数据。例如:

    int s[8];

注意:上面的整型数组 s 和字符数组 s 在内存中占用的存储空间大小不同。

7.3.2 字符数组的初始化

字符数组的初始化有以下形式:

(1) 对数组元素连续赋值,字符常量以逗号分隔放在一对大括号中。例如:

    char c[9] = {'h','e','l','l','o','w','o','r','d'};

若对所有元素都赋值时,也可以省略数组长度,由系统根据值的个数确定数组长度。当然也可以只给部分元素赋值,例如:

    char c[9] = { 'h','e','l','l','o'};

只给前 5 个元素赋值,其余元素由系统自动赋值为'\0'(即空字符)。

(2) 用字符串常量对字符数组初始化。例如:

    char c[10] = {"hello"};

或者省略大括号,写成 char c[10] = "hello";字符数组中内容如图 7-4 所示。

h	e	l	l	o	\0	\0	\0	\0	\0
c[0]	c[1]	c[2]	c[3]	c[4]	c[5]	c[6]	c[7]	c[8]	c[9]

图 7-4

系统对字符串常量存储时会自动在末尾加上'\0',把'\0'作为**字符串结束标志**。所以在用字符数组存放字符串时,数组的长度要比实际的字符个数多 1,以便存放'\0'。例如:

    char c[5] = "hello";

显然数组提供的空间不够用,'\0'会占用数组以外的存储单元,极有可能破坏其他数据的正确。

注意:字符数组长度与字符串的实际长度是不一样的。

例 7.6 编写程序用字符数组存放字符串并输出。

解题思路:定义字符数组,初始化赋值,并输出字符串。

编写程序:

采用两种方法编写程序。方法一:

```
#include <stdio.h>
main( )
{
    char c[10] = {'h','e','l','l','o',' ','w','o','r','d'};
    int i;
    for(i = 0;i<10;i + +)
        printf("%c",c[i]);
}
```

方法二:

```
#include <stdio.h>
main( )
{
    char c[ ] = "hello word";
    printf("%s",c);
}
```

运行结果:

hello word

程序分析:两种方法结果一样,但第二种方法更简洁些。第一种采用"%c"逐个输出字符,第二种采用"%s"输出整个字符串。用"%s"输出时,遇到"\0"就结束输出,输出的字符中不包含"\0";printf 函数中的输出项是字符数组名而不是数组元素。

7.3.3 有关字符串处理的函数

C 语言提供了专门处理字符串的库函数,方便用户使用。程序中用到这些函数时,在开头位置包含命令行 #include <string.h>。

1. 字符串输出函数 puts

格式:puts(字符数组名)

功能:将数组中的字符串输出到屏幕上。例如:

```
    char c[ ] = "hello word";
    puts(c);
```

输出: hello word

注意:输出时将字符串结束标志'\0'转换成'\n',因此输完字符串后自动换行。

puts 函数专门用于字符串的输出,简单易记,若需要指定输出格式时,还得用到 printf 函数。

2. 字符串输入函数 gets

格式：gets(字符数组名)

功能：从键盘上输入字符串到字符数组。例如：

    gets(c);

输入：student

注意：将字符串"student"存放到字符数组 c 中(加上字符串结束标志，共存放到数组 8 个字符)，gets 函数以回车符作为输入结束的标志，这是与 scanf 函数不同的。

3. 字符串连接函数 strcat

格式：strcat(字符数组 1,字符数组 2)

功能：把字符串 2 连接到字符串 1 的后面，结果存放到字符数组 1 中。例如：

    char c1[15] = "hello";
    char c2[ ] = "word";
    strcat(c1,c2);
    puts(c1);

输出：hello word

连接后数组 c1 的内容如图 7-5 所示。

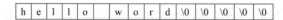

图 7-5

注意：要保证字符数组 1 应该定义足够的长度，以容纳连接后的新字符串。连接前如果字符数组 1 后面有'\0'，连接时要删除掉。

4. 字符串复制函数 strcpy

格式：strcpy(字符数组 1,字符数组 2)

功能：将字符数组 2 中的字符串复制到字符数组 1 中。例如：

    char c1[15] = "hello boy";
    char c2[ ] = "word";
    strcpy(c1,c2);
    puts(c1);

输出：word

复制后数组 c1 的内容如图 7-6 所示。

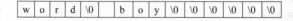

图 7-6

注意：复制时连同'\0'一起复制到数组 c1 中，用函数 puts 输出 c1 时，遇到'\0'结束输出；数组 1 的长度不能小于数组 2 的长度。

5. 字符串比较函数 strcmp

格式：strcmp(字符数组 1,字符数组 2)

功能：比较两个字符数组中的字符串，比较的结果由函数值返回。

(1) 字符串 1＝字符串 2,则函数值为 0。

(2) 字符串 1＞字符串 2,则函数值为一个正整数。

(3) 字符串 1＜字符串 2,则函数值为一个负整数。

注意:按照 ASCII 码将两个字符串中的字符逐个比较,直到遇到不同的字符或'\0'为止。

例 7.7 编写程序对两个字符串进行比较。

解题思路:对两个字符串比较,不能靠关系运算符,必须要用比较函数。

编写程序:

```
# include <stdio.h>
main( )
{   int k;
    char s1[ ] = "onethree",s2[20];
    gets(s2);
    k = strcmp(s1,s2);
    if(k>0)    printf("s1>s2\n");
    if(k<0)    printf("s1<s2\n");
    if(k == 0)  printf("s1 = s2\n");
}
```

6. 测字符串长度的函数 strlen

格式:strlen(字符数组)

功能:测试字符串的实际长度,不含结束标志'\0'。例如:

```
        printf(" %d\n",strlen("hello"));
```

例 7.8 编写程序,统计一行字符中有多少个单词,单词之间用空格分隔。

解题思路:单词之间用空格分隔,可以根据是否有空格出现判断新单词的开始,若有新单词就让统计单词个数的变量加 1,注意一行开头的空格不计算在内。

编写程序:

```
# include <stdio.h>
# include <string.h>
main( )
{   char str[50];
    int i,num = 0,word = 0;
    char c;
    gets(str);                          /* 输入一行字符串 */
    for(i = 0;(c = str[i]) != '\0';i ++ )  /* 字符不是'\0'就继续循环 */
        if(c == ' ')
            word = 0;                    /* 若是空格使 word 为 0 */
        else   if(word == 0)             /* 若非空格且 word 值为 0,使 word 为 1 */
            { word = 1; num ++ ; }
    printf("the number is %d\n",num);
}
```

习　题

1. 求一个 3×3 的整型矩阵对角线元素之和。
2. 编写程序将两个字符串连接起来，不能用 strcat 函数。
3. 编写程序输出一个菱形图案。
4. 用选择法对 10 个整数进行排序。
5. 编写程序求两个矩阵的和。
6. 编写函数对字符数组中的字符按从小到大的顺序输出。
7. 编写函数删除字符串中指定位置上的字符。

第8章 指　针

　　指针是 C 语言中的一个重要的数据类型。利用指针可以有效地表示各种复杂的数据结构,不仅能够方便灵活地使用数组和字符串,而且能像汇编语言一样处理内存地址,还能为实现函数间各类数据的传递提供简洁便利的方法。正确灵活地运用指针,可编制出精炼紧凑、功能强大而执行效率高的程序。可以说,指针是 C 语言的精髓。指针极大地丰富了 C 语言的功能。

　　学习指针是学习 C 语言中最重要的一环,能否正确理解和使用指针是我们能否真正掌握 C 语言的一个标志。指针的概念复杂、使用非常灵活,指针成为 C 语言学习中最为困难的一部分。因此在初学时,常会出现错误,在学习本章时应多思考、多比较、多上机,在实践中掌握它。

8.1　指针的基本概念

　　让我们先来回顾一下,计算机是如何对内存进行管理的呢？在计算机的内存储器中,拥有大量的存储单元。一般情况下,存储单元是以字节为单位进行管理的。为了区分内存中的每一个字节,就需要对每一个内存单元进行编号,且每个存储单元都有一个唯一的编号,这个编号就是存储单元的地址,称为内存地址。

　　这样,当需要存放数据时,即可在地址所标识的存储单元中存放数据。当需要读取数据时,根据内存单元的编号或地址即可找到所需的内存单元。

　　显然,内存单元的地址和内存单元的内容是两个不同的概念。可以用一个通俗的例子来说明它们之间的关系。在银行存取款时,银行工作人员根据账号查找存单,找到之后在存单上写入存款、取款的金额。在这里,存单类似于存储单元,账号就是存单的地址,存款数即是存单的内容。

　　根据内存地址就可以准确定位到对应的内存单元,因此内存地址通常也称为指针。对一个内存单元来说,内存单元的地址即为指针,内存单元中存放的数据就是该内存单元的内容。在 C 语言中,每种数据类型的数据(变量或数组元素)都占用一段连续的内存单元。该数据的地址或指针就是指该数据对应存储单元的首地址。

8.2　变量与指针

　　当定义一个变量时,系统会为变量分配存储单元,不同类型的数据在存储器中所占用的内存单元数不等。例如,字符型数据占用 1 字节的内存单元,单精度类型数据占 4 字节内存单元等。系统分配给变量的内存单元的起始地址就是变量的地址,也就是变量的指针。例如,定义一个浮点数据变量:

float a = 80;

由于变量 a 的数据类型为 float,因此系统会为变量 a 分配 4 字节的存储单元,并将存储单元的内容修改为 80,即进行变量的初始化,如图 8-1 所示。

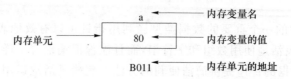

图 8-1　变量与内存单元

要访问变量可以像以前章节中那样直接使用变量名,这种方式称为直接访问方式。例如如下变量定义:

int i,j;

可直接访问变量 i 和 j,比如:

i = 5;

j = i + 3;

间接访问方式是将变量的地址存放在另一个变量中,这类变量是专门存放地址的称为指针变量。通过指针变量中保存的内存地址,可以对对应的内存单元进行数据存取。假设有一个字符类型变量 c,其内容为'a'(ASCII 码为十进制数 97),变量 c 的内存地址为 C307(地址用十六进制表示)。若有一个指针变量 p,内容为变量 c 的内存地址,即 C307,则称指针变量 p 指向变量 c,或者说 p 是指向变量 c 的指针,如图 8-2 所示,此时可用变量 p 间接访问变量 c。

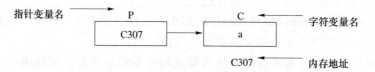

图 8-2　指针变量指向变量

8.2.1　指针变量的定义

指针就是内存单元的地址,也就是内存单元的编号,因此指针是一种数据。在 C 语言中,可以用一个变量来存放这种数据,这种变量称为指针变量,因此,一个指针变量的值就是某个内存单元的地址或称为某个内存单元的指针。

和其他变量一样,指针变量在使用之前必须先定义。对指针变量的定义包括三个内容:

(1) 指针类型说明符 * ,即定义一个变量为指针变量;

(2) 指针变量名;

(3) 基类型 指针所指向变量的数据类型。

其一般形式为

类型说明符　＊变量名；

其中，＊表示这是一个指针变量,变量名即为所定义的指针变量名,类型说明符即基类型,表示本指针变量所指向变量的数据类型。例如：

int　＊p1；

表示 p1 是一个指针变量,指针变量 p1 可以用来保存某个整型变量的地址。正确的读法为:p1 是一个指向整型变量的指针变量或 p1 为整型指针变量。至于 p1 指向哪一个整型变量,应由向 p1 赋予的地址来决定。

例如：

char　＊p2；　　　　　//p2 是指向字符型变量的指针变量
float　＊p3；　　　　　//p3 是指向单精度类型变量的指针变量
double　＊p4；　　　　//p4 是指向双精度类型变量的指针变量

8.2.2　指针变量的引用

指针变量和普通变量一样,在使用之前不仅要定义说明,而且必须赋予具体的值。未经赋值的指针变量不能使用,否则将造成系统混乱。对指针变量赋值只能赋予一个内存地址,决不能赋予其他数据,否则将引起错误。在 C 语言中,变量的地址是由编译系统分配的,对用户完全透明,可通过相应的运算符来获得变量的地址。

关于指针类型的数据,有两个相关的运算符。

（1）取地址运算符 &。

取地址运算符 &,是一个单目运算符,其结合性为自右向左,其功能是取得变量的地址。在前面介绍的 scanf( )函数中,已经了解并使用到了 & 运算符。其一般形式为

&变量名

例如:&a 表示变量 a 的地址,&b 表示变量 b 的地址。变量本身必须预先说明。

假定有如下定义语句

char c,＊p；

那么可以有以下语句：

p = &c；

或者

char c,＊p = &c；

把变量 c 的地址赋值给指针变量 p,此时指针变量 p 指向字符型变量 c,假设变量 c 的地址为 C307,这个赋值可形象地理解为图 8-2 所示的联系。

（2）指针运算符 ＊。

指针运算符 ＊,是一个单目运算符,通常称为间接访问运算符或引用运算符,其结合性为自右向左,用来表示该指针所指的变量。在 ＊ 运算符之后的操作对象必须是指针类型的数据,比如指针变量名。例如,有这样的定义及语句：

char c,＊p = &c；
char　x = ＊p；

运算符 * 访问以 p 为地址的存储单元,而 p 中存放的是变量 c 的地址(假设为 C307)。因此,* p 访问的是地址为 C307 开始的存储单元,也就是变量 c 所占用的存储单元。上面的赋值语句等价于:

```
x = c;
```

实际上,取地址运算符 & 与指针运算符 * 是一对逆运算符。

若有以下变量定义:

```
int a, * p = &a;
```

则整型指针变量 p 保存的是整型变量 a 的地址,即指针变量 p 指向整型变量 a。此时,* p 与 a 等价,同样 p 与 &a 等价。

试分析如下表达式,哪些是正确的,哪些是错误的?若正确,则说明表达式的含义;若错误,则说明为什么。

a. & * p   b. & * a   c. * &a   d. * &p

对于表达式 & * p,运算符 & 和 * 的优先级相同,但由于结合性是右结合,所以先进行 * p 运算,即表示变量 a,a 进行 & 运算,即表示变量 a 的地址。因此,表达式 & * p 与 p 等价,也与 &a 等价。

对于表达式 & * a 是先进行 * a 运算,由于 a 为整型变量,而非指针变量,所以对整型变量 a 进行 * 运算不符合 C 语言语法规则,故表达式 & * a 为非法表示。

设有指向整型变量的指针变量 p,如果要把整型变量 a 的地址赋值给指针变量 p,可以有以下两种方式。

(1)指针变量初始化的方法。

```
int a;
int * p = &a;      //定义 p 为整型指针变量,初始化保存整型变量 a 的地址
```

(2)赋值语句的方法。

```
int a;
int * p;           //定义 p 为整型指针变量
p = &a;            //将整型指针变量 p 赋值为整型变量 a 的地址
```

注意在上面的示例中 * 出现在不同的位置,其含义不同。若出现在变量声明中,则 * 是类型说明符,表示其后的变量 p 是指针类型;若出现在执行语句中,则 * 为指针运算符,表示指针变量所指的变量。

在使用指针变量时,需要注意以下几点:

(1)只能将一个变量的地址赋值给与其数据类型相同的指针变量。也就是说,要使一个指针变量保存某个变量的地址,则应保证变量的数据类型与指针变量的基类型一致。例如:

```
int  a, * p; p = &a;
```

把整型变量 a 的地址赋值给整型指针变量 p。变量 a 的数据类型 int 与指针变量的基类型 int 一致。下面的写法是错误的。

```
char c; int * p; p = &c;
```

(2)可以将一个指针变量的赋值给指向相同类型变量的另一个指针变量。例如:

```
int a;
```

```
int  * pa, * pb;
pa = &a;
pb = pa;
```

由于 pa、pb 均为指向整型变量的指针变量,因此可以相互赋值。

(3) 只能对指针变量赋值为变量的地址,而不能赋值为表达式的地址。下面的写法是错误的。

```
int a = 2,b = 3;
int * p;
p = &(a + b);
```

(4) 不允许把一个整数赋值给指针变量,两者数据类型不同。下面的赋值是错误的。

```
int * p;
p = 1000;
```

例 8.1　通过指针变量访问变量(间接访问变量)

编写程序:

```
# include"stdio. h"
void main( )
{
    int a,b,c, * p ;                    //定义 p 为整型指针变量
    printf ("input three numbers:\n");
    scanf ("%d%d%d", &a,&b,&c);
    p = &a;                            //判断并使 p 指向值最大的变量
    if(b> * p)   p = &b;               //对变量 b 与 p 指向的数据进行比较
    if(c> * p)   p = &c;               //对变量 c 与 p 指向的数据进行比较
    printf("max =   %d\n", * p);       //间接访问 p 所指向的变量
}
```

运行结果:

```
Input three numbers:
12 87 64
max = 87
```

8.2.3　指针变量作为函数参数

函数的参数不仅可以是整型、实型、字符型等数据。还可以是指针类型的数据。在调用函数时,实参变量和形参变量之间的数据传递是单向的,指针变量作为函数参数也要遵守这一规则,所以函数调用不能改变实参指针变量的值,但是可以改变实参指针变量所指向的内存单元的内容,即目标变量的值。这正是指针变量作为函数参数的优势。函数调用本身仅能得到一个返回值(即函数值),而运用指针变量作函数参数则可以通过对形参指针所指向的内存单元(即实参指针变量所指向的目标变量)的操作,或者说通过间接访问的形式改变

主调函数中数据的值,从而使主调函数得到多个运算结果。这种参数传递方式称为地址传递,属于双向传递。

例 8.2 编写函数实现对两个变量的值进行交换。

- 函数 1:

```
void swap1(int p1,int p2)
{
    int t;
    t = p1; p1 = p2; p2 = t;
}
```

说明:该函数采用值传递方式,是单向传递。实参变量和形参变量分别占用不同的存储单元,改变形参变量的值不会影响实参变量的值,故该函数不能实现对两个变量值的交换。

- 函数 2:

```
void swap2(int * pl,int * p2)
{
    int t;
    t = * pl; * pl = p2; * p2 = t;
}
```

说明:该函数采用地址传递方式,是双向传递。通过改变形参指针变量所指向的存储单元(即主调函数中的变量)的值,从而影响主调函数中变量的值,故该函数能实现了两个变量值的交换。

- 函数 3:

```
void swap3(int * pl,int * p2)
{
    int * t;
    * t = * pl; * pl = p2; * p2 = * t;
}
```

说明:该函数同样采用了地址传递方式,是双向传递。理论上能实现两个变量值的交换,但是该函数中应用了指针变量 t 所指向的存储单元作为中间变量,且未对指针变量 t 进行初始化,所以 t 的值为随机值。若 t 指向系统区,改变 t 所指向存储单元的值,有可能造成系统混乱。因而,此函数的设计是不可取的。

- 函数 4:

```
void swap4(int * pl,int * p2)
{
    int * t;
    t = pl;pl = p2;p2 = t;
}
```

说明:该函数也采用了地址传递方式。在该函数中交换的是两个指针形参变量的值而不是两个指针形参变量所指向的存储单元的值,因此不能影响主调函数中变量的值,故该函数不能实现对两个变量值的交换。

8.3　一维数组与指针

一个变量的地址是它所占内存单元的起始地址。一个数组包含若干元素,每个数组元素都在内存中占用存储单元,它们都有相应的地址。所谓数组的指针是指数组在内存中的起始地址,数组元素的指针是数组元素在内存中的起始地址。

8.3.1　指向数组元素的指针变量

定义一个指向数组元素的指针变量的方法与以前介绍过的指向变量的指针变量相同。例如:

```
int a[10];     //定义 a 为包含 10 个整型数据的数组
int * p;       //定义 p 为指向整型变量的指针
```

应当注意,因为数组为 int 型,所以指针变量也应为指向 int 型的指针变量。下面是对指针变量赋值。

```
p = &a[3];
```

把 a[3]元素的地址赋值给指针变量 p。也就是说,p 指向 a 数组的第 4 个元素。

注意:C 语言规定,数组名就是数组的指针,数组名表示数组在内存中的起始地址(对于一维数组,就是 0 号元素的内存地址),它在程序中是不可变的,所以数组名是指针常量。

此时,可以用数组名给指针变量赋值。有如下定义:

```
int a[10],* p;
```

则下面两条语句等价:

```
p = a;
p = &a[0];
```

其作用如图 8-3 所示。

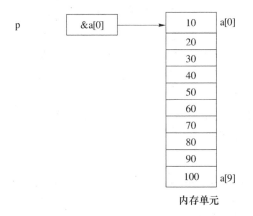

图 8-3　指针变量指向数组

同样,在定义指针变量时可以进行初始化。

```
int a[10], * p = &a[0];
```

或者

```
int a[10], * p = a;
```

注意:这里应先定义数组,然后定义指针变量并进行初始化。在编译时,系统先为数组分配内存单元,然后才能引用其元素的地址作为指针变量的初始化值。

8.3.2　指向数组的指针的相关运算

当指针变量指向数组后,对指针可以进行某些算术和关系运算。

1. 指针变量和整数的算术运算

在 C 语言中规定:如果指针变量 p 已指向数组中的某个元素,则表达式 p+1 表示让指针变量 p 指向下一个元素的地址。以此可以进一步得出如下结论,假定有如下定义及语句(其中 n 为一个正整数):

```
int a[10], * p;
p = &a[5];
```

(1) 表达式 p+n:表示使指针变量 p 从当前所指元素向后面移到第 n 个元素的地址处。例如 p+2 表示数组元素 a[7]的地址。

(2) 表达式 p−n:表示使指针变量 p 从当前所指元素向前面移到第 n 个元素的地址处。例如 p−2 表示数组元素 a[3]的地址。

(3) 表达式++p:先使指针变量 p 指向下一个数组元素,表示使指针变量 p 向前移动并指向数组元素的下一个元素地址。例如表达式++p 在运算时,先使 p 指向下一个数组元素 a[6],而表达式的值为 a[6]的地址。

(4) 表达式−−p:先使指针变量 p 指向上一个数组元素,表示使指针变量 p 向后移动并指向数组元素的上一个元素地址。例如表达式−−p 在运算时,先使 p 指向上一个数组元素 a[4],而表达式的值为 a[4]的地址。

(5) 表达式 p++:表示指针变量 p 所指数组元素的地址,然后使指针变量 p 指向下一个数组元素。例如表达式 p++的值为 a[5]的地址,表达式运算结束后,使指针变量 p 指向下一个数组元素 a[6]。

(6) 表达式 p−−:表示指针变量 p 所指数组元素的地址,然后使指针变量 p 指向上一个数组元素。例如表达式 p−−的值为 a[5]的地址,表达式运算结束后,使指针变量 p 指向上一个数组元素 a[4]。

下面讨论一种特殊情况,就是当指针变量 p 指向数组首地址时,即 p 指向数组元素a[0],那么 p+i 或 a+i 表示 a[i]的地址,或者说它们指向 a 数组的第 i 个元素。*(p+i)或 *(a+i)就是 p+i 或 a+i 所指向的数组元素,即 a[i]。例如,表达式 p+5 或 a+5 表示&a[5],表达式 *(p+5)或 *(a+5)表示数组元素 a[5]。

2. 指针之间的减法运算

当两个指针变量指向同一个数组时,它们之间可以进行减法运算,运算结果为它们所向的数组元素下标之差的整数值。例如:

```
int n,m,a[10], * pl, * p2;
```

```
pl = &a[5];
p2 = &a[2];
n = pl - p2;
m = p2 - pl;
```

则 n 的值为 3,m 的值为 - 3

3. 指针之间的关系运算

在同一个数组中还可以数组元素的指针进行关系运算。例如有如下定义和语句:

```
int n,m,a[10], * pl, * p2;
pl = &a[2];
p2 = &a[3];
```

则有下面表达式及其值:

```
p2 > pl            //因为 p2 - pl = 1,所以表达式的值为 1(真)
pl ++ == p2        //值为 0(假),注意此处 ++ 运算符为后缀
-- p2 == pl        //值为 1(真),注意此处 -- 运算符为前缀
pl < a             //值为 0(假),a 为地址常量,是 0 号元素的地址
p2 < = a + 3       //值为 1(真),a + 3 为数组元素 a[3]的地址
```

也可以对指针变量作与 0 比较。设 p 为指针变量,若表达式 p == 0 的值为 1 则表明 p 是空指针,它不指向任何变量;若表达式 p! = 0 的值为 1,表示 p 不是空指针。空指针是由对指针变量赋予 0 值得到的。例如:

```
# define NULL 0
int * p = NULL;
```

对指针变量赋值为 0 和不赋值是不同的。当指针变量未赋值时,可以是任意值,是不能使用的,否则将造成意外错误。对指针变量赋值为 0 后则可以使用,只是它不指向具体的变量而已。

8.3.3 通过指针引用数组元素

假定有如下定义:

```
int a[10], * p = a;
```

那么,可以有多种形式引用数组元素。

1. 用指针表达式引用数组元素

例如,表达式 * (p+3)引用了数组元素 a[3],表达式中的 3 是相对于指针的偏移量。当指针指向数组的起始位置时,偏移量说明了引用哪一个数组元素,它相当于数组的下标。上述表示法称为指针偏移量表示法。用指针表示法引用数组元素 a[i]的一般形式为

```
* (p + i)
```

例如表达式 * (p+2)引用了数组元素 a[2]。需要注意的是 * 的优先级高于 + 的优先级,所以括号是必需的。如果没有括号,上述表达式则表示 2 与 * p 之和。

使用指针表达式也可引用数组元素的地址 用指针表示法引用数组元素 a[i]地址的一般形式为

p+i

比如表达式 p+2 实际引用了地址 &a[2]。

2. 用数组名表达式引用数组元素

数组名本身就是一个指针,也可在指针表达式运算中引用数组元素。

通常,所有带数组下标的表达式都可以用指针和偏移量表示,这时要把数组名作为指针。相应地引用数组元素 a[i]的一般形式为

*(a+i)

引用数组元素 a[i]地址的一般形式为

a+i

注意:上面的表达式并没有修改数组名指针 a 的值,a 仍然指向数组的第一个元素。

3. 指针也可带下标

例如,p[i]引用了数组元素 a[i]。

当指针变量 p 保存数组 a 的首地址时,对数组元素 a[i]的地址的表示形式有三种:

a. &a[i]   b. p+i   c. a+i

相应地,数组元素 a[i]的引用方法有以下 4 种,分别称为下标法和指针法。

用下标法引用数组元素:a[i]、p[i];

用指针法引用数组元素 *(a+3)、*(p+3)。

如果要对一维数组中的元素进行操作,则可以用多种形式来引用数组中的元素。

例 8.3　用多种形式引用数组元素

编写程序 1:

```c
#include"stdio.h"
void main( )
{
  int i,a[10];
  printf("INPUT 10 INTEGER :\n");
  for ( i= 0;i<10;i++)
      scanf(" %d",&a[i]);          //表达式 &a[i]表示数组元素的地址
  printf("OUTPUT 10 INTEGER:\n");
  for ( i= 0;i<10;i++)
      printf(" %d",a[i])           //表达式 a[i]表示数组元素
}
```

运行结果:

Input 10 integer:

3 6 9 0 2 5 8 1 4 7

Output 10 integer:

3 6 9 0 2 5 8 1 4 7

编写程序 2:

```c
#include"stdio.h"
void main( )
```

```
{
    int i,a[10];
    printf("INPUT 10 INTEGER:\n");
    for(i = 0;i<10;i ++ )
     scanf(" % d",a + i);                    //表达式 a + i 表示数组元素的地址
    printf("OUTPUT 10 INTEGER:\n");
    for(i = 0;i<10;i ++ )
    printf(" % d", * (a + i));               //表达式 * (a + i)表示数组元素
}
```

运行结果：

```
Input 10 interger：
9 8 7 6 5 4 0 1 2 3
Output 10 interger：
9 8 7 6 5 4 0 1 2 3
```

编写程序 3：

```
#include"stdio. h"
void main( )
{
    int i,a[10], * p = a;
    printf("INPUT 10 INTEGER:\n");
    for(i = 0;i<10;i ++ )
        scanf(" % d", p + i);               //表达式 p + i 表示数组元素的地址
    printf("OUTPUT 10 INTEGER:\n");
    for(i = 0;i<10;i ++ )
        printf(" % d", * (p + i));          //表达式 * (p + i)表示数组元素
}
```

运行结果：

```
Input 10 integer：
1 5 6 3 2 7 8 9 4 0
Output 10 integer：
1 5 6 3 2 7 8 9 4 0
```

编写程序 4：

```
#include"stdio. h"
void main( )
{
    int i,a[10], * p = a;
    printf("INPUT 10 INTEGER:\n");
    for(i = 0;i<10;i ++ )
    scanf(" % d", &p[i]);                   //表达式 &p[i]表示数组元素的地址
```

```
    printf("OUTPUT 10 INTEGER:\n");
    for ( i= 0;i<10;i++)
    printf("%d",p[i]);                 //表达式 p[i]表示数组元素
}
```

运行结果：

Input 10 integer：

7 5 6 3 2 1 8 9 4 0

Output 10 integer：

7 5 6 3 2 1 8 9 4 0

在通过指针引用数组元素时应注意的几个问题。

（1）指针变量可以实现自身值的改变。比如 p++是合法的，而 a++是错误的。因为 a 是数组名，数组名表示数组首地址，是指针常量。

（2）指针变量可以指向数组的任何元素，要注意指针变量的当前值。

在定义数组时指定其长度为 10，即数组包含 10 个元素，但指针变量可以指向数组以后的内存单元，系统并不认为非法。例如：

```
#include"stdio.h"
void main( )
{
    int a[10], * p;
    for(p= a;p<a+10;p++) scanf("%d",p);
    for(p= a;p<a+10;p++) printf("%d", * p);
}
```

在上面程序的循环语句中，当 p=a+10 时，即 p 指到数组 a 以后的内存单元，并不认为是非法，但已经超出数组 a 的范围，所以循环结束。也就是说，当 p 指向数组元素时，进行相应的操作，一旦超出数组 a 的范围，就停止操作。

（3）注意运算符++、——、& 和 * 的混合运算。

* p++:等于++和 * 是同一优先级，结合方向自右而左，等价于 * (p++)。

* (p++)与 * (++p)作用不同。若 p 的初值为 a(a 为数组名)，* (p++)等价于 a[0]，而 * (++p)等价于 a[1]。

(* p)++:表示 p 所指向元素的值加 1。

如果 p 当前指向 a 数组中的第 i 个元素，则有：

(p——)相当于 a[i——]；

* (++p)相当于 a[++i]；

* (——p)相当于 a[——i]。

8.3.4 数组作函数的参数

1. 数组元素作函数的参数

当数组元素作为函数参数时，与普通变量作为函数参数的情况相同，均属于值传递方式，即在函数调用时，是将实参——数组元素的值传递给形参变量。

例 8.4 数组元素作函数的参数

求在一个整型数组中，n 个元素中偶数的个数。

编写程序 1:直接引用数组元素

```c
#include"stdio.h"
void main( )
{
    int oushu(int x);                //函数声明
    int i,n = 0;
    int a[10] = {19,28,37,46,55,99,64,82,73,91};
    for(i = 0;i<10;i++)
        if(oushu(a[i]) == 1) n++;    //数组元素用作函数参数
         printf("%d\n",n);
}
int oushu(int x)
{
    return((x%2 == 0) ? 1 : 0);
}
```

运行结果:

4

编写程序 2:通过指针变量间接引用数组元素。

```c
#include"stdio.h"
void main( )
{
    int oushu(int x);                //函数声明
    int n = 0, * p;                  //定义指向整型变量的指针
    int a[10] = {19,28,37,46,55,99,64,82,73,91};
    for(p = a;p<a + 10;p++)          //指针变量指向数组元素
    if(oushu( * p) == 1) n++;        //指针变量指向数组元素并作为函数参数
        printf("%d\n",n);
}
int oushu(int x)
{
    return((x%2 == 0)? 1 : 0);
}
```

运行结果:

4

2. 数组名作为函数参数

在数组一章介绍过,当数组名用作函数参数时,函数调用将改变形参数组元素的值,因此函数调用后实参数组元素的值也会随着改变。

在 C 语言中,调用函数采用的是"值传递"方式。当用变量作为函数参数时,传递的是变量的值;当用数组名作函数参数时,由于数组名代表的是数组起始地址,因此传递的是数组的首地址,所以要求形参为指针变量。

在进行函数定义时,往往采用形参数组的形式,因为在 C 语言中用下标法和指针法都可以访问数组。但是应该明确一点,形参数组本质就是一个指针变量,由此指针变量接收实参传递的数组首地址。对形参指针所指向的存储单元的操作,实际上就是对实参数组元素的操作。

例 8.5 编写函数将数组中的 n 个整数按相反顺序存放。

编写程序:

```
#include"stdio.h"
void main( )
{
    void inv ( int * ,int );              //函数声明
    int i,a[10] = {0,2,4,6,8,9,7,5,3,1};
    printf("\nThe original array:");
    for(i = 0;i<10;i ++ )
    printf(" % d", a[i]);
    inv( a,10 );                          //数组名作函数参数
    printf("\nThe array has been inverted:");
    for(i = 0;i<10;i ++ )
        printf(" % d", a[i]);
    printf("\n");
}
void inv ( int * x,int n )
{
    int t, * p, * q;
    for(p = x,q = x + n—1;p<q;p ++ ,q-- )
    {t = * p; * p = * q; * q = t; }
}
```

运行结果:

The original array:0 2 4 6 8 9 7 5 3 1

The array has been inverted:1 3 5 7 9 8 6 4 2 0

归纳起来,当数组名用作函数参数时,形参和实参的表示形式有以下 4 种情况。

(1) 形参和实参都用数组名。

```
void main( )
{   int a[10];
    …
func (a,10);
```

```
...
}
void func(int x[],int n)
{
    ...
}
```

(2) 实参用数组名,形参用指针变量。

```
void main( )
{   int a[10];
    ...
func (a,10);
...
}
void func(int * x,int n)
{
    ...
}
```

(3) 形参和实参都用指针变量。

```
void main( )
{   int a[10], * p = a;
    ...
func (p,10);
...
}
void func(int * x,int n)
{
...
}
```

(4) 实参用指针变量,形参用数组名。

```
void main( )
{   int a[10], * p = a;
    ...
func (p,10);
...
}
void func(int x[],int n)
{
...
}
```

应该注意的是,如果用指针变量作实参,必须先使指针变量有确定的值,即使指针变量指向一个已经定义的数组。

以上 4 种方式实际上传递的是数组的首地址,是地址传递,属于地址传递方式,是双向传递。

例 8.6 编写函数实现选择排序(用指针实现)

编写程序:

```c
#include"stdio.h"
void main( )
{
    int a[10], * p;
    void selectsort(int * ,int);       //函数声明
    printf("Input 10 Integer:");
    for(p = a;p<a + 10;p ++)
        scanf(" % d", p);
    selectsort(a,10);                  //数组名作函数参数
    printf("Result:");
    for(p = a;p<a + 10;p ++)
        printf(" % d", * p);
    printf("\n");
}
void selectsort( int * x,int n )
{
    int i,t, * p, * q;
    for(i = 0;i<n—1;i ++)
    {
        q = x + i;
        for(p = q + 1;p<x + n;p ++)
            if( * p< * q)
                q = p;
        if(q! = x + i)
            {t =  * q;  * q = * (x + i); * (x + i) = t;}
    }
}
```

运行结果:

Input 10 integer:8 3 9 4 5 6 2 1 7 0

result: 0 1 2 3 4 5 6 7 8 9

8.4 二维数组与指针

8.4.1 二维数组的地址

前面介绍过,二维数组可以看作是一个特殊的一维数组,此一维数组的每一个元素又是一个一维数组。例如有一个二维数组定义如下:

int a[3][4];

那么,数组 a 可被看作一个一维数组,它有 3 个元素 a[0]、a[1] 和 a[2]。这 3 个元素都是长度为 4 的一维数组,按照上一节介绍的内容可知,对于数组元素 a[i] 的地址可以表示为 a+i。a[i] 本身又是一个一维数组,a[i] 是此数组的数组名,它有 4 个元素:a[i][0]、a[i][1]、a[i][2] 和 a[i][3],如图 8-4 所示。

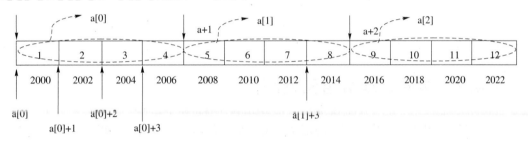

图 8-4 二维数组各元素的地址

数组元素 a[i][j] 可以表示为"*(数组名+下标)"的形式,即 *(a[i]+j),进而可以表示为 *(*(a+i)+j)。

数组元素 a[i][j] 的地址可以表示为"数组名+下标"的形式,即 a[i]+j,进而可以表示为 *(a+i)+j。

对于图 8-4 中的表示需要说明的是,a 是二维数组名,是二维数组的首地址,即 a[0] 的地址,其值为 2000,而 a[0] 是第一个一维数组的数组名(首地址),即 a[0][0] 的地址,其值为 2000。也就是说,a 的值与 a[0] 的值相同,都为 2000,都表示地址,两者的值虽然相等,但数据类型不同,含义也不同。

例 8.7 用指针表示法输入/输出二维数组中的元素。

编写程序:

```
#include"stdio.h"
void main( )
{
 int i,j,a[3][4];
 printf("Input:");
 for(i = 0;i<3;i + + )
     for(j = 0;j<4;j + + )
```

```
        scanf("%d", *(a+i)+j);           //表达式*(a+i)+j表示a[i][j]的地址
    printf("\noutput:\n");
    for(i=0;i<3;i++)
    {
        for(j=0;j<4;j++)
            printf("%d\t", *(*(a+i)+j));
                                         //表达式*(*(a+i)+j)表示a[i][j]
    printf("\n");
    }
}
```

运行结果:

Input:1 2 3 4 5 6 7 8 9 10 11 12

Output:

1	2	3	4
5	6	7	8
9	10	11	12

8.4.2 指向二维数组元素的指针

指向二维数组元素的指针变量的定义与前面介绍的指向变量的定义相同。例如有一个二维数组的定义如下:

int a[3][4], *p;

数组 a 中共有 12 个具有相同类型(int 型)的元素,每个元素都相当于一个 int 型变量,因此可以使用一个基类型为 int 的指针变量 p 指向这些元素。在内存中这些元素是依次连续存放的。对指针变量 p 来说,可以将此二维数组看作一个长度为 12 的一维数组,指针变量 p 对二维数组元素的操作就像对一维数组那样。

例 8.8 用指针变量输入/输出二维数组中各个元素的值。

编写程序:

```
#include"stdio.h"
void main()
{
    int i,j,*p,a[3][4];                  //定义p为指向二维数组元素的指针
    p=&a[0][0];
    printf("Input:");
    for(i=0;i<3;i++)
        for(j=0;j<4;j++)
            scanf("%d", p+i*4+j);        //通过p引用二维数组元素的地址
    printf("\noutput:\n");
```

```
for(i = 0;i<3;i++)
{
    for(j = 0;j<4;j++)
    printf("%d\t", *(p+i*4+j)); //通过 p 引用二维数组元素
    printf("\n");
}
}
```

运行结果:

Input:11 12 13 14 21 22 23 24 31 32 33 34 41 42 43 44

Output:

11	12	13	14
21	22	23	24
31	32	33	34
41	42	43	44

8.4.3 行指针变量

指向一维数组元素的指针变量 p 加 1 后所指向的数组元素是原来 p 所指元素的下一个数组元素,因此可以理解为 p 值的变化是以数组元素为单位的。

指向一维数组的指针变量是另外一种类型的指针变量,它是指向一维数组类型数据的指针变量,即该指针变量的目标变量又是一个一维数组,所以此类指针变量的增值是以一维数组的长度为单位的。

指向由 n 个元素组成的一维数组的指针变量,又称为行指针,其定义的一般形式为:

类型标识符 (*变量名)[N];

其中 * 表示其后的变量名为指针类型,[N]表示指针变量所指向的一维数组的元素个数。"类型标识符"是定义一维数组元素的类型。在定义中"*变量名"作为说明部分,必须用括号标注。

在定义和使用指向一维数组的指针变量 p 时,需要注意:

(1) 在定义行指针时,格式(*变量名)中的括号不能省略。

(2) 在定义行指针时,格式中的 N 必须是整型常量表达式,此时定义的行指针可以指向相同类型的具有 N 个列元素的二维数组中的一行。

(3) p 是行指针,p+i、p++或 p−−均表示指针移动的单位为行。

(4) p 只能指向二维数组中的行,而不能指向一行中的某个元素。

例如:

inta[3][4],(*q)[4] = a;

其中,q 是指向由 4 个元素组成的一维数组的指针变量,表达式 *q 是一个含有 4 个元素的一维数组,它指向二维数组的第 0 行,q+i 指向二维数组的第 i 行,如图 8-5 所示。

可见,*q 代表一维数组的首地址,*q+j 是一维数组的第 j 个元素地址,*(*q+j)是一维数组的第 j 个元素。由此可推出数组元素 a[i][j]的地址表示形式为 *(q+i)+j 数组元素 a[i][j]的表示形式为 *(*(q+i)+j)。

图 8-5　行指针变量 q 与二维数组

例 8.9　用行指针实现求二维数组中最大元素的值

编写程序：

```
#include"stdio.h"
void main( )
{
    int max_element(int ( * p)[4],int n);          //函数声明
    int a[3][4] = {31,52,73,14,25,46,67,88,19,90,41,62};
    printf("Max element is：%d\n", max element(a,3));
}
int max_element(int( * p)[4],int n)                //形参指针为行指针
{
    int max,i,j;
    max =  * ( * (p + 0) + 0);
    for(i = 0;i<n;i + +)
      for(j = 0;j<4;j + +)
              if( * ( * (p + i) + j)>max)   max = * ( * (p + i) + j);
    return max;
}
```

运行结果：

```
Max element is:90
```

8.5　字符串与指针

8.5.1　字符串的表示与引用

在 C 语言中,既可以用一个字符数组来存放一个字符串,也可用一个字符指针变量来指向一个字符串。

1. 用字符数组存放字符串

例如：

```
char s[] = "I Love China!";
```

在前面介绍过,字符数组是由若干个数组元素组成的,在内存中占有一片连续的空间。字符数组是有名的固定的空间,可用来存放字符串。字符数组中的一个元素存放字符串中的一个字符,如图 8-6 所示。

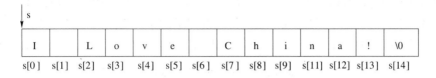

图 8-6　字符数组存放字符串

2. 用字符指针指向字符串

C 语言对字符串常量是按字符数组处理的,在内存中开辟一个字符数组存放字符串,其首地址可保存在字符型指针变量中。例如:

char * s = "I LoveChina ";

在这里,字符指针变量 s 存放的是字符串常量的首地址,而不是字符串的内容,如图 8-7 所示。

图 8-7　字符指针指向字符串

虽然用字符指针变量和字符数组都能实现字符串的存储和处理,但两者是有区别的,不能混为一谈。

(1) 存储内容不同。

字符指针变量中存储的是字符串的首地址,而字符数组中存储的是字符串本身(数组的每个元素存放字符串的一个字符)。

(2) 赋值方式不同。

对于字符指针变量,可采用下面的赋值语句赋值。

char * p;

p = "This is a example.";　　　　　//p 保存字符串的首地址

对于字符数组,虽然可以在定义时初始化,但不能用赋值语句对字符数组整体赋值。下面的用法是非法的:

char s[20];

s = "This is a example.";　　　　　　　　　　　　//错误用法

字符数组赋值可用 strcpy()函数 例如:

char s[20];

strcpy (s,"This is a example.");

(3) 指针变量的值是可以改变的,字符指针变量也不例外,而数组名代表数组的起始地址,是一个常量,常量是不能被改变的。

8.5.2 字符串指针作函数参数

如同前面介绍过的数组名作为函数参数,当字符串指针被用作函数参数时,在被调函数中可以改变字符串的内容,在主调函数中可以得到改变了的字符串。同样,在调用函数时,实参传给形参的是字符串的首地址。归纳起来,字符串作为函数参数有如表 8-1 所列的几种情况。

表 8-1 字符串作为函数参数

实　参	形　参	实　参	形　参
一维数组名	一维数组名/字符串常量	字符指针变量	字符指针变量
一维数组名	字符指针变量	字符指针变量	一维数组名/字符串常量

例 8.10 编写函数实现字符串的复制。

编写程序:

```
#include"stdio.h"
  void main( )
  {
  void copy_string(char * , char * );        //函数声明
  char a[20] = "I am a teacher", b[20] = "You are a student";
  printf("String a is:%s\nString b is:%s\n", a,b );
  copy_string(a,b);                          //字符指针作函数参数
  printf("String a is:%s\nString b is:%s\n", a,b );
}
void copy_string(char * from,char * to )     //形参指针为字符型指针
{
  for ( ;*from != '\0';from++,to++ ) *to = *from;
  *to = '0I;
}
```

运行结果:

```
String a is:I am a teacher
String b is:You are a student
String a is:I am a teacher
String b is:I am a teacher
```

8.6 返回指针值的函数

一个函数可以返回一个 int 型数据,或一个 float 型数据,或一个 char 型数据等,也可以返回一个指针类型的数据。返回指针值的函数(简称指针函数)的定义格式如下:

类型标识符 * 函数名(形参表)

{

}

定义函数时,函数名前的 * 表示函数的返回值是指针类型,即表示此函数是指针型函数。"类型标识符"表示返回的指针值的基类型,即所返回的指针指向的数据类型。

例 8.11　编写函数实现求数组中最大元素的地址。

编写程序:

```
# include"stdio.h"
void main( )
{
  int * max ( int * ,int);
  int a[10], * q;
  printf("Input:");
  for( q = a;q<a + 10;q + + ) scanf(" % d", q);
  q = max(a,10);
  printf("sum = % d\n", * q );
}
int * max(int * a,int n)              //定义返回指针值的函数
{
  int * max, * p;
  max = a;
  for( p = a;p<a + n;p + + )
  if ( * p> * max ) max = p;
  return max;
}
```

运行结果:

Input:55 82 19 37 46 91 100 28 73 64

Sum = 100

运用指针函数应注意的问题:

(1) 指针函数中 return 语句返回的值必须是一个与函数类型一致的指针。

(2) 函数返回值必须是保证主调函数能正确使用的数据。

8.7　指　针　数　组

8.7.1　指针数组概述

数组的元素均为指针类型数据,则称其为指针数组。指针数组的每个元素都是一个指针数据。定义指针数组的一般形式如下:

类型标识符　*数组名[数组元素个数];

在定义中,"数组名[数组元素个数]"先组成一个说明部分,表示一个一维数组及其元素个数,"类型标识符 *"则说明数组中每个元素都是指针数据类型。例如:

```
int  * ip[10];
char * cp[5];
```

这里定义了两个指针数组,ip 是整型指针数组,cp 是实型指针数组。

指针数组也可以进行初始化 例如:

```
char c[4][10] = {"Fortran","Cobol","Basic","Pascal"};
char * str[5] = {"int","long","unsigned","char","float"};
int x,y,z, * ip[3] = { &x,&y,&z };
int a[2][3], * p[2] = { a[0],a[1]};
```

一般情况下,运用指针的目的是操作目标变量,使得对目标变量的操作变得灵活并能提高运行效率。例如,使用指针数组处理多个字符串比使用字符数组更为方便灵活。

例 8.12 编写函数实现对 N 个字符串进行排序。

编写程序:

```
#include"stdio.h"
#include"string.h"
void main( )
{
    void sprint(char * str[],int n);
    void ssort(char * str[],int n);
    char * cnm[] = { "Lasa","Shanghai","shanxi","Dalian","Hangzhou"};
    ssort(cnm,5);
    sprint(cnm,5);
}
void sprint(char * str[],int n)
{
    int i;
    printf("Result:\n");
    for ( i = 0;i<n;i++) printf("\t%d:\t%s\n", i,str[i]);
}
void ssort(char * str[],int n)
{
    char * t;
    int i,j,k;
    for ( i = 0;i<n-1;i++)
    {
    k = i;
```

```
for(j = i + l;j<n;j + +)
    if(strcmp(str[k],str[j])>0) k = j;
    if(k! = i)
      {t = str[k]; str[k] = str[i]; str[i] = t; }
}
```

运行结果：

```
Result：
0：   shanxi
1：   Dalian
2：   Hangzhou
3：   lasa
4：   shanghai
```

8.7.2 指向指针的指针

如果一个指针变量存放的又是另一个指针变量的地址,则称这个指针变量为指向指针的指针变量。指向指针的指针变量的定义形式如下：

数据类型　＊＊指针变量；

例如：

```
int  x;                        //定义整型变量 x
int  * p;                      //定义指向整型变量的指针变量 p
int  * * q;                    //定义指向整型指针变量的指针变量 q
p =  &x;                       //整型指针变量 p 保存整型变量 x 的地址
q =  &p;                       //指向整型指针的指针变量 q 保存 p 的地址
```

又如：

```
Char * name[7] = {"Monday","Tuesday","Wednesday","Thursday",
"Friday", "Saturday","Sunday"};     //定义 name 为指针数组
char * * p;                         //定义指向字符型指针的指针变量 p
```

其中,name 是一个指针数组,它的每一个元素都是指针型数据,其值为地址,数组名 name 代表该指针数组的首地址,那么 name+i 是 name[i] 的地址 name+i 就是指向字符型指针型数据的指针 p 就是指向字符型指针数据的指针变量。例如,使 p 指向指针数组元素,如图 8-8 所示。

例 8.13 编写函数实现求 N 个字符串中最长的字符串。

编写程序：

```
# include"stdio. h"
# include"string. h"
void main( )
{
```

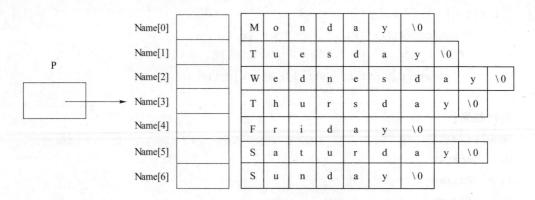

图 8-8   p 是指向指针的指针变量

```
char * longest_string(char * s[],int n);
char * pm;
char * cnm[] = {"Lasa","Shanghai","Shanxi","Dalian","Hangzhou"};
pm = longest_string(cnm,5);          //指针数组名作函数参数
printf("The longest string:% s\n",pm );
}
char * longest_string(char * s[],int n)
{
    char * q,* * p;                    //定义指向指针的指针变量 p
    q = * s;
    for( p = s;p<s + n;p + + )          //指向指针的指针 p 指向指针数组元素
    if (strlen( * p)>strlen(q))q = * p;
    return q;
}
```

运行结果：

The longest string:Chongqing

8.8   函数的指针和指向函数的指针变量

可以用指针变量指向整型变量、字符串、数组,也可指向一个函数。一个函数在编译时要占用一段内存单元,这段内存单元的首地址就是函数的指针。和数组名代表数组首地址一样,函数名也代表了函数的首地址。可以用指针变量指向数组,也可以用一个指针变量指向函数,并通过指针变量引用它所指向的函数。

定义指向函数的指针变量的一般形式为

数据类型标识符   (* 指针变量名)( );

与数组指针变量的定义类似,"* 指针变量名"外的括号是不可少的,否则就变成定义返

回指针值的函数了。在定义中"(＊指针变量名)"后的括号表示指针变量所指向的目标是一个函数。"数据类型标识符"是定义指针变量所指向的目标函数的类型。例如：

```
int  （＊p)();              //定义一个指向整型函数的指针变量 p
float  （＊q)();            //定义一个指向单精度类型函数的指针变量
```

可以用函数名给指向函数的指针变量赋值,其形式为

指向函数的指针变量＝[&]函数名;

注意:函数名后不能带括号和参数 而函数名前的 & 符号是可选的。用指向函数的指针变量引用函数的一般形式为

（＊函数指针变量)(实参表)

运用指向函数的指针变量调用函数时,指向函数的指针变量应具有被调用函数的首地址。和用函数名调用函数一样,实参表应与形参表相对应。

例 8.14 求 a 和 b 中的较大者。

编写程序:

```
#include"stdio.h"
void main( )
{
  int max(int x,int y);
  int a,b,c;
  int （＊p)();              //定义指向整型函数的指针变量 p
  p＝max;                    //函数指针 p 指向 max()函数的地址
  printf("INPUT 2 INTEGER :", c);
  scanf("％d％d",&a,&b);
  c＝（＊p)(a,b);             //通过函数指针 p 调用函数
  printf("max＝％d\n",c);
}
int max( int x,int y )
{  return ( x＞y? x:y);  }
```

运行结果:

```
Input 2 integer:47 35
Max＝47
```

习   题

1. 变量的指针,其含义是指该变量的(   )。

A. 值   B. 地址   C. 名   D. 一个标志

2. 若要对 a 进行＋＋运算,则 a 应具有下面说明(   )。

A. int a[3][2];   B. char ＊a[ ]＝{"12","ab"};

C. char （＊a)[3];   D. int b[10], ＊a＝b;

3. 下面程序的运行结果是(   )。

```
# include<stdio.h>
fun(int * * a,int p[2][3])
{
    * * a = p[1][1];
}
void main()
{
    int x[2][3] = {2,4,6,8,10,12}, * p;
    p = (int * )malloc(sizeof(int));
    fun(&p,x);
    printf(" % d\n", * p);
}
```

A. 10   B. 12   C. 6   D. 8

4. 若有以下定义,则 p+5 表示(   )。

int a[10], * p = a;

A. 元素 a[5]的地址   B. 元素 a[5]的值

C. 元素 a[6]的地址   D. 元素 a[6]的值

5. 下面程序段的运行结果是(   )。

```
char a[] = "language", * p;
p = a;
while( * P!  = 'u') {printf(" % c", * p - 32); p ++ ;}
```

A. LANGUAGE   B. language   C. LANG   D. language

6. 有如下语句 int a=10,b=20, * p1, * p2; p1=&a; p2=&b; 若要让 p1 也指向 b,
可选用的赋值语句是(   )。

A. * p1= * p2;   B. p1=p2;   C. p1= * p2;   D. * p1=p2;

7. 以下程序的运行结果是(   )。

```
sub(int x,int y,int * z)
{
    * z = y - x;
}
void main()
{
    int a,b,c;
    sub(10,5,&a);
    sub(7,a,&b);
    sub(a,b,&c);
    printf(" % 4d, % 4d, % 4d\n",a,b,c);
}
```

A. 5，2，3
B. -5，-12，-7

C. -5，-12，-17
D. 5，-2，-7

8. 若已有说明 float ＊p,m＝3.14;要让 p 指向 m,则正确的赋值语句是(　　)。

A. p＝m;　　　　B. p＝&m;　　　　C. ＊p＝m;　　　　D. ＊p＝&m;

9. 若有说明:int ＊p,m＝5,n;以下正确的程序段是(　　)。

A. p ＝ &n;
　　scanf("％d",&P);

B. p ＝ &n;
　　scanf("％d", ＊p);

C. scanf("％d",&n);
　　＊p ＝ n;

D. p ＝ &n;
　　＊p ＝ m;

10. 下面说明不正确的是(　　)。

A. char a[10]＝"china";
B. char a[10], ＊p＝a; p＝"china";

C. char ＊a; a＝"china";
D. char a[10], ＊p; p＝a＝"china";

第9章　用户自定义数据类型

C 语言定义的数据类型有 int,float,char 等,程序设计者可在程序中直接用它们来定义变量,解决一些简单问题。在实际应用中,只有这些数据类型是不够的,C 语言允许用户根据需要建立一些数据类型,用它来定义变量。

9.1　结构体类型

前面介绍过 C 语言的数据类型及分类。关于构造类型,曾介绍了数组的有关概念。用数组可以解决一些问题,但有些问题用数组就不能解决了。比如,有时需要将不同类型的数据组成一个有机的整体,这个整体中的数据之间有一定的关系。假设有一个学生信息,其中包括学号、姓名、性别、年龄、籍贯和入学成绩等属性,如图 9-1 所示。

学号	姓名	性别	年龄	籍贯	入学成绩
1314001	王力	男	18	山西省长治市	600

图 9-1　学生信息

显然姓名、性别、年龄、地址、电话和邮编等数据都是一个人的相关信息。这样的问题是不能用数组解决的,因为这些信息的数据类型不同,而数组中各元素的数据类型必须相同。那么能否用 6 个单个的变量来表示,从语法角度来看是可以的,但单个变量很难体现出这些数据之间的内在联系。类似这样的问题在实际应用中非常普遍,这些数据既不能用数组表示,也不宜设置成单个变量。为了解决这方面的问题,C 语言提供了一种新的数据类型,就是结构体。

9.1.1　结构体类型的定义

定义结构体类型的一般形式为
struct 结构体类型名
{
　　成员表列
};

其中,struct 是关键字,作为定义结构体数据类型的标志,其后面紧跟的是结构体类型名,由用户自行定义。花括号{ }内是结构体的成员表列,其中说明了结构体所包含的成员及其数据类型。花括号{ }外的分号不能省略,表示结构体类型说明的终止。

成员表列由若干个成员(也称为数据项或分量)组成,每个成员都是该结构体类型的一个组成部分。对每个成员也必须作类型说明,其形式为

类型说明符　成员名;

成员名的命名方法应符合标识符的命名规定。

例如,对学生信息结构体类型的定义,假设学生信息的必要项目有学号(num)、姓名(name)、性别(sex)、成绩(score)等。

```
struct student_type
{
    long   num;
    char   name[20];
    char   sex;
    float score;
}
```

在这个结构体类型定义中,结构体类型名为 student_type,该结构体类型由 4 个成员组成。第一个成员为 num 长整型变量;第二个成员为 name 字符数组;第三个成员为 sex 字符变量;第四个成员为 score 实型变量,定义结构体类型之后,即可进行变量说明。凡说明为结构体类型 student_type 的变量都由上述 4 个成员组成。

由此可见,结构体类型是一种复杂的数据类型,是数目固定、类型不同的若干有序变量的集合。

关于结构体类型有以下几点需要说明:

(1) 结构体类型中的成员,既可以是基本数据类型,也可以是另一个已经定义的结构类型。例如:

```
struct date                      //声明结构体类型 date
{   int month;
    int day;
    int year;
}
struct student_type              //声明结构体类型 student_type
{   long   num;
    char   name[20];
    char   sex;
    struct date birthday;        //成员 birthday 的类型为 struct date
    float score;
} stul,stu2;
```

首先定义一个结构体类型 date,它由 month、day 和 year 三个成员组成。在定义结构体类型 student_type,其中的成员 birthday 为结构体类型 date,即成员 birthday 由 month、day 和 year 三个成员组成。此时,结构体类型 student_type 的结构,如图 9-2 所示。

(2) 数据类型相同的成员,既可逐个、逐行分别定义,也可合并成一行定义。例如,上面日期结构体类型的定义可改写为如下形式:

num	name	sex	birthday			Seore
			month	day	year	

图 9-2 结构体类型 student_type 的结构

struct date{int year,month,day;};

（3）结构体类型中的成员名,可以与程序中的变量同名,但它们代表的是不同的对象,互不影响。

（4）定义结构体类型可以在函数的内部进行,也可以在函数的外部进行。在函数内部定义的结构体,其作用域仅限于该函数内部,而在函数外部定义的结构体,其作用域是从定义处开始到本源程序文件结束。

总之,结构体类型的定义只是描述结构体类型数据的组织形式,规定这个结构体类型使用内存的模式,并没有分配一段内存单元来存放各数据项成员。只有定义了这种类型的变量,系统才会为变量分配内存空间,占据存储单元。

9.1.2 结构体变量

用户自定义的结构体类型,与系统定义的标准类型（int、char 等）一样,均可用来定义变量的类型。定义结构体变量的方法有以下几种形式。

（1）先定义结构体类型,再定义结构体类型变量。

例如,利用学生信息结构体类型的定义,定义相应的结构体变量。结构体类型变量 student1、student2 拥有结构体类型的全部成员。用这种方式定义结构体类型变量的一般形式为

     struct 结构体类型名 结构体变量名表;

（2）在定义结构体类型的同时,定义结构体类型变量。

例如,对结构体类型变量 student1 和 student2 的定义,可以改为如下形式:

struct student_type

{

  ...

} student1,student2;

被定义的结构体变量 student1 和 student2 直接在结构体类型定义的花括号后、分号前给出。如果编程需要,还可以使用 struct student_type 定义其他的变量。用这种方式定义结构体变量的一般形式为

struct 结构体类型名

{

    成员表列;

    }结构体类型变量表 ;

（3）直接定义结构体类型变量。例如：

struct

{ …

} studentl,student2;

此时只是直接定义了两个结构体变量 student1 和 student2 为上述结构体类型。这种形式由于省略了结构体类型名,因此也就不能用它来定义其他的变量。用这种方式定义结构体变量的一般形式为

```
struct
{
    成员表列;
}结构体类型变量表;
```

说明:结构体类型与结构体类型变量是两个不同的概念,其区别如同 int 类型与 int 型变量。只能对变量进行赋值、存取或运算,而不能对类型进行赋值、存取或运算。在编译时,对类型是不分配内存单元的,只能对变量分配内存单元。

就像声明一个普通变量那样,系统将为结构体类型变量分配存储单元,存储单元的大小取决于变量的数据类型。在这里,当声明一个结构体类型变量时,系统同样要为结构体类型变量分配存储单元,其大小为该结构体类型变量的各个成员所占内存单元之和。同样,系统也要为其分配一段连续的存储单元,依次存储各成员数据。

在程序中使用结构体变量时,一般情况下不把结构体变量作为一个整体参与数据处理,而是用结构体变量的各个成员来参与各种运算和操作。例如,赋值、输入、输出、运算等操作,都是通过结构体变量的成员来实现的。

引用结构体变量成员的一般形式为

结构体变量名.成员名

例如:

studentl.num　　　　　　　　　　//即 studentl 的学号 num

student2.sex　　　　　　　　　　//即 student2 的性别 sex

如果结构体变量的成员本身又是一个结构体类型的数据,那么必须逐级找到最低级的成员才能使用。例如:

studentl.birthday.month = 12;

studentl.birthday.day = 25;

studentl.birthday.year = 1990;

关于结构体变量的几点说明:

（1）结构体成员是结构体变量中的一个数据,成员项的数据类型是在定义结构体类型时定义的。对于结构体类型变量的成员,可以进行何种运算是由其类型决定的。允许参加运算的种类与相同类型的简单变量的种类相同。例如:

student2.score = studentl.score + 10;

sum = student2.score + studentl.score;

studentl.num ++ ;

（2）可以引用结构体变量成员的地址，也可以引用结构体变量的地址。例如：

```
scanf(" %f",&student1.score);    //输入 student1.score 的值
printf(" %x",&student2);         //输出 student2 的首地址
```

（3）结构体变量的地址主要用作函数参数，传递的是结构体变量的地址

（4）一个结构体变量也可以作为一个整体来引用

C 语言允许两个相同类型的结构体变量之间相互赋值，这种结构体类型变量之间赋值的过程是将一个结构体变量的各个成员的值赋给另一个结构体变量的相应成员。下面的赋值语句是合法的：

```
student2 = student1;
```

C 语言不允许用赋值语句将一组常量直接赋值给一个结构体变量。下面的赋值语句是不合法的：

```
student2 = { 80511,"Zhang San",'M', {5,12,1980},87.5 };
```

（5）结构体类型变量也可以进行初始化

结构体变量初始化的格式与一维数组的初始化相似。不同的是，如果结构体变量的某个成员本身又是结构体类型，则该成员的初值为一个初值表。例如：

```
struct student_type stud = { 80511,"Zhang San",'M',{ 5,12,1980 },87.5 };
```

注意：结构体变量的各个成员初值的数据类型，应该与结构体变量中相应成员的数据类型一致，否则会出错。

例 9.1 结构体变量应用

编写程序：

```
#include"stdio.h"
#include"string.h"
struct student
{
    long int num;
    char name[20];
    char sex;
    char addr[30];
}
void main( )
{
    struct student s;
    printf ("Input num:");
    scanf (" %ld",&s.num );
    printf ("Input name:");
    scanf (" %s",s.name );
    printf ("Input sex:");
    scanf (" %c",&s.sex );
    printf ("Input address:");
```

```
    gets ( s.addr );
    printf ("\nOUTPUT:\n");
    printf ("\tNO.:% ld\n", s.num );
    printf ("\tname:% s\n", s.name );
    printf ("\tsex:% c\n", s.sex );
    printf ("\taddress:% s\n", s.addr );
}
```

运行结果：

Input　num:30301011

Input　name:lisi

Input　sex:m

Input　address:changing road

Output:

No.:30301011

name:lisi

sex:m

address:changing road

9.1.3　结构体数组

数组元素可以是简单数据类型，也可以是构造类型。当数组的元素是结构体类型时，就构成了结构体数组。结构体数组是具有相同结构体类型的变量集合。结构体数组的每一个元素都具有相同的结构体类型，其定义的一般形式和前面定义结构体变量相同，只是把变量名改为数组名即可。

(1) 先定义结构体类型，再定义结构体类型的数组。其一般形式为

struct 结构体类型名 结构体数组名[数组长度];

例如：

```
struct student_type
{
    int   num;
    char   name[20];
    char   sex;
    int   age;
    float score;
};
struct student_type class[30];
```

定义了一个结构体类型的数组 class 该数组共有 30 个元素。每个数组元素都具有 struct student_type 的结构体类型。

（2）在定义结构体类型的同时定义结构体数组。其一般形式为

struct 结构体类型名

 {

  成员表列

 }结构体数组名[数组长度];

（3）直接定义结构体类型数组。其一般形式为

struct

 {

  成员表列；

 }结构体数组名[数组长度];

引用结构体数组元素的成员的一般形式为

class[0].num = 80611;

strcpy(class[1].name,"Huang Ming");

class[2].sex = 'M';

class[3].age = 19;

class[4].score = 77.5;

与其他类型的数组一样，可以对结构体数组进行初始化。例如：

```
struct student_type
{
    in tnum;
    char   name[20];
    char   sex;
    int    age;
    float score;
};
struct student_type st[3] = {{80601,"Zhangsan",'M',19,85.0},
                             {80602,"Lisi",'F',18,91.5},
                             {80603,"Wangdashan",;M;,20,76.5}}
```

以上定义了一个数组 st，其元素为 struct student_type 类型数据，st 数组共有 3 个元素，各元素在内存中连续存放，如图 9-3 所示。

	num	name	sex	age	score
St[0]	80601	Zhangsan	M	19	85.0
St[1]	80602	Lisi	F	18	91.5
St[2]	80603	Wangdashan	M	20	76.5

图 9-3　结构体数组的初始化

在定义数组 st 时,元素个数可以不指定,即可以写成以下形式:

struct student_type st[3] = 　 { {…},{…},{…} };

编译时,系统会根据所给出初值的个数来确定数组元素的个数。

例 9.2　学生成绩排序。

已知若干个学生的姓名、学号和某门课程成绩,编写程序,对学生记录按成绩从高分至低分排序,输出排序后的学生表,并输出对应学生的名次。

编写程序:

```
#include"stdio.h"
#include"string.h"
#define N 2
struct student_type
{
    long num;
    char name[20];
    float score;
};
void main( )
{
    int i,j,k;
    struct student_type p[N],temp;
    //输入 N 个学生信息:学号、姓名和某课程成绩
    for( i = 0;i<N;i++)
    {
        printf("输入第 %d 个学生的学号:", i+1);
        scanf ("% ld",&p[i].num );
        printf("输入第 %d 个学生的姓名:", i+1);
        scanf ("% s",p[i].name );
        printf("输入第 %d 个学生的成绩:", i+1);
        scanf ("% f",&p[i].score );
        printf("\n");
    }
    //对输入的 N 个学生信息按课程成绩进行降序排序
    for ( i = 0;i<N—1;i++)
    {
        k = i;
        for ( j = i+1;j<N;j++)
        {
            if ( p[j].score>p[k].score ) k = j;
        }
```

```
            temp.num = p[i].num;temp.score = p[i].score;
            strcpy(temp.name,p[i].name);
            p[i].num = p[kJ.num;p[i].score = p[k].score;
            strcpy(p[i].name,p[k].name);
            p[k].num = temp.num;p[k].score = temp.score;
            strcpy(p[k].name,temp.name);
        }
//对输入的 N 个学生信息按课程成绩进行降序排序
    printf("\n**************输出表 **************\n");
    printf("\n 名次 学号 姓名 成绩\n");
    for ( i = 0;i<N;i + + )
        printf("% - 6d% ld% - 15s% 6f\n",i + 1,p[i].num,p[i].name,p[i].score)
}
```

运行结果：

输入第 1 个学生的学号:10101

输入第 1 个学生的姓名:张三

输入第 1 个学生的成绩:85

输入第 2 个学生的学号:10102

输入第 2 个学生的姓名:李四

输入第 2 个学生的成绩:90

输入第 3 个学生的学号:10103

输入第 3 个学生的姓名:王五

输入第 3 个学生的成绩:71

名次	学号	姓名	成绩
1	10102	李四	90
2	10101	张三	85
3	10103	王五	71

9.1.4 结构体指针

1. 指向结构体变量的指针

当一个指针变量用来指向一个结构体变量时,称之为结构体指针变量。结构体指针变量中的值是所指向的结构体变量的首地址。通过结构体指针即可访问该结构体变量这与数组指针和函数指针的情况是相类似的。

声明结构体指针变量的一般形式为

struct   结构体类型名   *结构体指针变量名;

其中,"结构体类型名"必须是已经被定义过的结构体类型。

例如,声明一个指向结构体变量的指针变量。

```
struct student_type
{
    int   num;
    char  * name;
    char sex;
    int   age;
    float score;
}
struct student_type stud;
struct student_type * ps;
int a,b,c;
```

结构体指针变量的定义规定了其特性,并为结构体指针变量分配了内存单元。在使用结构体指针变量前,必须通过初始化或赋值运算的方式将具体的某个结构体变量的存储地址赋值给它。这时要求结构体指针变量与结构体变量必须属于同一结构体类型。例如:

ps = &a;

这是错误的。因为变量 a 的数据类型与指针变量 ps 的基类型不相同。

ps = &student_type;

也是错误的。因为 student_type 是结构体类型名,不占用存储单元,因而没有内存地址。

ps = &stud;

这是正确的。因为变量 stud 的数据类型与指针变量 ps 的基类型相同。

在这里,结构体指针变量 ps 指向结构体类型变量 stud,因此,结构体类型变量 stud 的成员(如 score)可以表示为

stud.score

或者:

(* ps).score

注意: * ps 两边的括弧不可省略,因为成员运算符的优先级高于 * 运算符。

在 C 语言中,为了直观和使用方便,可以把(* ps).score 改用 ps—>score 来代替,即结构体指针变量 ps 所指向的结构体变量中的 score 成员。同样,(* ps).name 等价于 ps—>name。也就是说,当一个结构体指针变量指向一个结构体类型变量时,以下三种形式是等价的。

(1) 结构体类型变量.成员名

(2) (* 结构体指针变量).成员名

(3) 结构体指针变量—>成员名

其中,—>也是一种运算符,称为指向运算符,它表示的意义是结构体指针变量所指向的结构体数据中的成员。

例 9.3　通过结构体指针引用结构体变量的成员。

编写程序:

```
#include"stdio.h"
#include"string.h"
```

```
struct student
{
    long num;
    char name[20];
    char sex;
    float score;
}
void main( )
{
    struct student stud, * p = &stud;
    stud. num = 99301;
    strcpy(stud. name,"Zhangsan");
    ( * p). sex = 'M';
    ( * p). score = 84.5;
    printf("NO.:\t%ld\n",( * p).num);
    printf("name:\t%s\n",p->name);
    printf("sex:\t%c\n",p->sex);
    printf("score:\t%s\n",p->score);
}
```

运行结果：

No.：99301

Name：zhangsan

Sex：M

Score：84.500000

　　既然结构体类型指针变量可以指向一个结构体变量，那么结构体类型指针变量也可以指向一个结构体数组。这时结构体指针变量的值是整个结构体数组的首地址。同样，结构体指针变量也可指向结构体数组的一个元素，这时结构体指针变量的值是该结构体数组元素的首地址。设 ps 为指向结构体数组的指针变量，则 ps 指向该结构体数组的 0 号元素，ps+1 指向 1 号元素，ps+i 则指向 i 号元素，这与普通数组的情况是一致的。

　　若有以下声明：

```
    struct student_type
    {
        long num;
        char * name;
        char sex;
        int  age;
        float score;
    }
    struct student_type st[3] = {{80601,"Zhangsan",'M',19,85.0},
```

```
{80602,"Lisi",'F',18,91.5 },{80603,"Wangshan",'M',20,76.5}};
    struct student_type * ps = st;
```

需要注意以下两点。

（1）结构体指针变量 ps 的初值为 st，即 ps 保存结构体数组 st 的首地址，ps 指向数组 st 的第一个元素，即 ps 的值为 &st[0]，则表达式 ps＋1 指向数组下一个元素的起始地址，即 &st[1]。那么，可以有下面的表达式：

```
( ++ ps) - >num        //使 ps 自加 1，然后得到其所指元素的 num 成员值，即 80602
(ps ++ ) - >num        //得到 ps - >num 的值，即 80601，然后使 ps 自加 1，指 st[1]
```

（2）ps 已定义为指向 struct　student 类型数据的指针变量，它只能指向一个此结构体类型数据。也就是说，ps 只能用来保存 st 数组的某个元素的起始地址，而不能指向结构体类型数据的某一成员，即 ps 不能用来保存数组元素的某一成员的地址。例如：

```
ps = &st[1];
```

是正确的。而

```
ps = &st[0].num ;
```

是错误的。

（3）对于地址类型不相同的情况，若要实现赋值，可使用强制类型转换。例如

```
    ps = (structstudent * )&st[0].num
```

例 9.4　通过结构体指针对结构体数组进行操作。

编写程序：

```
# include"stdio.h"
# include"string.h"
struct student
{
    long num;
    char name[20];
    char sex;
    float score;
    char addr[30];
}
void main( )
{
    struct student stu[3] =
            { {99301,"Zhangsan",'M',93.0,"No.4 Jinhua Road"},
                {99312,"Lisi",'M',76.0,"No.102 Lianhu Road"},
                {99327,"Susan",'F',87.0,"No.32 Heping Road"} };
    struct student * p;
    printf("No. Name  Sex  Score  Address\n");
    for ( p = stu;p<stu + 3;p + + )
        printf(" % Sld % - 20s % 2c\t % S.1f\t % - 30s\n",
```

```
        p->num,p->name,p->sex,p->score,p->addr);
}
```

运行结果：

No.	name	sex	score	address
99301	zhangsan	M	93.8	jinhua road
99312	lisi	M	76.0	lianhu road
99327	susan	F	87	heping road

2. 用指向结构体类型数据的指针作函数参数

在 ANSIC 标准中，允许用结构体变量作函数参数进行整体传递，但是要求将全部成员逐个传递，特别是当成员为数组时将会使传递的时间和空间开销很大，严重地降低了程序的效率。最好的办法就是使用指针，即用指向结构体类型数据的指针变量作函数参数进行传递。这时由实参传递给形参的只是结构体类型数据的地址，通过结构体指针形参来对结构体类型数据进行操作，从而减少了时间和空间的开销。

例 9.5 用指向结构体数组元素的指针作函数参数。

编写程序：

```c
#include"stdio.h"
#include"string.h"
struct student
{
    long num;
    char name[20];
    char sex;
    float score;
    char addr[30];
}
void scorecpt(struct student * p)
{
    int i,sum = 0,avg;
    for ( i = 0;i<4;i++ )
        sum = sum + p->score[i];
    avg = sum/4;
    p->sum = sum;
    p->average = avg;
}
void main( )
{
    struct student * p;
    struct student st[5] =
            { { 99301,"Zhangsan",{85,76,92,69}},
```

```
               {｛99302,"Lisi",｛74,80,71,62｝｝,
               {｛99303,"Wangjing",｛68,88,74,78｝｝,
               {｛99304,"Huangming",｛73,68,82,75｝｝,
               {｛99305,"Liuxiang",｛86,78,83,90｝｝};
    printf("\n\t 用指向结构体数组元素的指针作函数参数\n");
    printf("\n 学号\t 姓名\t\t 成绩 1\t 成绩 2\t 成绩 3\t 成绩 4\t 总分\t 平均分");
    for( p = st;p＜st＋5;p＋＋)
    {
       scorecpt(p);
       printf("\n % ld",p－＞num);
       printf("\t % －10s",p－＞name );
       printf"\t % d",p－＞score[0]);
       printf("\t % d",p－＞score[1]);
       printf("\t % d",p－＞score[2]);
       printf("\t % d",p－＞score[3]);
       printf("\t % d",p－＞sum);
       printf("\t % d",p－＞average);
    }
    printf("\n");
}
```

运行结果：

学号	姓名	成绩 1	成绩 2	成绩 3	成绩 4	总分	平均分
99301	zhangsan	85	76	92	69	322	80
99302	lisi	74	80	71	62	287	71
99303	wangjing	68	88	74	78	308	77
99304	huangmi	73	68	82	75	298	74
99305	liulin	86	78	83	90	337	84

9.2　共用体数据类型

9.2.1　共用体类型的定义

在某些应用场合中,需要一个变量在不同的时候具有不同类型的值,这些不同类型的值所占用的存储空间当然也可能是不同的。例如,设计一个统一的结构来保存学生和教师的信息。无论是学生还是教师,都包括编号、姓名、性别和出生日期等信息。此外,对于学生还有班级编号信息,对于教师则有所属部门的信息。显然,班级编号和所属部门是不同类型的数据。要使这两种不同类型的数据能存放在同一个地方且占据同样大小的存储空间,只有利用共用体(也称为联合体)来解决这个问题。

与结构体类型相似,共用体也是一种数据类型,共用体类型的定义及共用体变量的定义方法与结构体的相应定义是相同的,只要将结构体类型定义和结构体变量定义中的关键字 struct 改成关键字 union 即可。

定义共用体类型的一般形式为

```
union   共用体类型名
{
      成员表列;
};
```

在这里,"成员表列"定义与结构体类型时成员表列相同,共用体类型成员表列也是由若干成员组成,每个成员都是该共用体类型的一个组成部分。每个成员也必须作类型说明,其一般形式为

类型说明符 成员名;

同样,成员名的命名方式也应符合标识符的命名规定。

例如:

```
union data
{
    int    i;
    float f;
    char   ch;
} a,b,c;
```

也可以将类型声明与变量定义分开。

```
union data
{
    int    i;
    float  f;
    charc  h;
}
union data a,b,c;
```

共用体与结构体有一些相似之处,但两者有本质上的不同。在结构体中,各成员有各自的存储单元,一个结构体类型变量所占用存储单元的大小是各成员所占用存储单元大小之和。在共用体中,各成员共享一段存储单元,一个共用体类型变量所占用存储单元的大小等于各成员中所占用存储单元最大者的值。

9.2.2 共用体变量的引用

引用共用体变量成员的一般形式为

共用体变量名.成员名

union data

```
{
    int i;
    float f;
    char ch;
}a,b,c;
```

此时,a、b、c 为共用体变量。下面的引用是正确的。

```
a.i          //引用共用体变量 a 中的整型成员 i
a.f          //引用共用体变量 a 中的实型成员 f
a.ch         //引用共用体变量 a 中的字符型成员 ch
```

但不能引用共用体变量,例如:

```
printf("%d",a);
```

这是错误的。

在使用共用体类型数据时应注意以下几点。

(1) 共用体类型变量只有一个成员起作用。共用体类型变量中起作用的成员是最后一次存取的成员。

(2) 量各成员的内存起始地址是相同的,共用体变量的内存起始地址和各成员的地址是相同的。

(3) 变量赋值时需要注意以下几点。

① 不能对共用体变量名赋值。例如有一个共用体类型变量 a,下面的语句是错误的。

```
a = 13;        //将一个整型常量赋值给共用体变量 a
a = 3.14;      //将一个实型常量赋值给共用体变量 a
a = 'A';       //将一个字符型常量赋值给共用体变量 a
```

② 不能企图引用共用体变量来得到一个值。例如有共用体类型变量 a、b,下面的语句是错误的。

```
b = a;
printf("%d",a);
```

③ 不能在定义共用体变量时进行初始化,例如下面的初始化语句是错误的。

```
union data a = 100;
union data a = {13,3.14,'M'};
```

(4) 成员的数据类型可以是基本数据类型、数组、指针,也可以是结构体类型。

(5) 共用体变量不能用作函数的参数,但是共用体变量的成员可以用作函数的参数。

(6) 可以使用指向共用体变量的指针。

(7) 可以定义共用体数组。

(8) 共用体类型可以作为结构体成员的类型。

9.2.3 共用体的应用

例 9.6 生成学生和教师表

设有一个教师与学生通用的表格,教师数据有姓名、年龄、职业和教研室四项。学生有姓名、年龄、职业和班级四项。试用共用体生成学生和教师表。

编写程序：

```c
#include"stdio.h"
#include"string.h"
struct datatype
{
    char name[10];
    int age;
    char job;
    union  {long int class;char office[10];} depa;
};
void main( )
{
    struct datatype body[3];
    int i;
    for ( i = 0;i<3;i++)
    {
        printf ("input name,age,job and department\n");
        scanf ("%s%d%c", body[i].name,&body[i].age,&body[i].job);
        if ( body[i].job=='s')
            scanf("%ld",&body[i].depa.class);
        else
            scanf("%s",body[i].depa.office);
    }
    printf ("name\tage job class/office\n");
    for ( i = 0;i<3;i++)
        if ( body[i].job=='s')
            printf("%s\t%3d%3c%ld\n",body[i].name,
            body[i].age, body[i].job,body[i].depa.class);
        else
            printf("%s\t%3d%3c%s\n",body[i].name,body[i].age,
            body[i].job,body[i].depa.office);
}
```

运行结果：

```
Input name,age,job and department
Lijun
18
s
jisuanji
Input name,age,job and department
```

```
zhangli
25
t
yinyuexi
Input name,age,job and department
changlan
40
y
zhongwenxi
name      age     job    class/office
Lijun     18      s      jisuanji
Zhangli   25      t      yinyuexi
Changlan  40      y      zhongwenxi
```

9.3　枚举数据类型

在实际问题中,有些变量的取值被限定在一个有限的范围内。例如,一个星期只有七天,一年只有十二个月,一个班每周有六门课程等。如果把这些量声明为整型、字符型或其他类型显然是不妥当的。为此,C 语言提供了一种称为枚举的类型。在枚举类型的定义中列举出所有可能的取值,被声明为该枚举类型的变量其取值不能超过定义的范围。应该说明的是,枚举类型是一种基本数据类型,而不是一种构造类型,因为它不能被分解为任何基本数据类型。

定义枚举类型的一般形式为

　　　　enum 枚举类型名 {枚举值表 };

在"枚举值"表中应一一列出所有可用值。这些值也称为枚举元素或枚举常量。枚举元素是用户定义的标识符,这些标识符并不自动地代表什么含义。例如,不因为写成 sun,就自动代表"星期天",不写 sun 而写成 sunday 也可以。用什么标识符代表什么含义,完全由程序员决定,并在程序中作相应的处理。

例如:

enum weekday { sun,mon,tue,wed,thu,fri,sat };

该枚举类型名为 weekday,枚举值共有 7 个,即一周中的七天。凡被声明为 weekday 类型的变量,其取值只能是 7 个枚举值中的某一个。

声明枚举类型后就可以定义枚举类型变量了。枚举类型变量在定义时,可以先定义枚举类型,然后定义变量。例如:

enum weekday workday,weekend;

也可以在声明枚举类型的同时定义枚举类型变量。例如:

enum weekday { sum,mon,tue,wed,thu,fri,sat } workday,weekend;

在进行编译的时候,将枚举元素按常数处理,故称枚举常量。枚举元素不是变量,不能对枚举元素赋值。例如:

```
sun = 0;

mon = 1;
```

是错误的。

此外,枚举元素不是字符常量,也不是字符串常量,使用时不能用引号对其标注。

枚举元素作为常量是有值的,在进行编译的时候,按枚举元素定义的顺序使其值分别为 0、1、2、3……下面的说明中:

```
enum weekday { sum,mon,tue,wed,thu,fri,sat } workday,weekend;
```

sun 的值为 0,mon 的值为 1,……,sat 的值为 6。有如下赋值语句:

```
workday = mon;
```

则 workday 变量的值为 1。这个整数是可以输出的。例如:

```
printf ("%d",workday );
```

将输出整数 1。

也可以改变枚举元素的值,在定义时由程序员指定。例如:

```
enum weekday{sun = 7,mon = 1,tue,wed,thu,fri,sat } workday,weekend;
```

指定义枚举元素 sun 的值为 7,mon 的值为 1,以后的枚举元素值按顺序依次加 1,枚举元素 sat 的值为 6。

枚举值可进行关系运算。例如:

```
if(workday == mon)  x = 1;

if (workday>sun)  x = 2;
```

枚举值的关系运算规则是:按其在声明时的顺序号比较。如果在声明时没有人为指定枚举元素的取值,则第一个枚举元素的值为 0。故关系表达式 mon<sun 的值为 0,而关系表达式 sat>fri 的值为 1。

一个整数不能直接赋值给一个枚举类型变量。例如:

```
workday = 2;
```

是错误的。参与赋值运算的两个操作数 workday 和 2 属于不同的数据类型,应先进行强制类型转换才能赋值,例如:

```
workday = (enum weekday)2;
```

相当于将顺序号为 2 的枚举元素赋给枚举类型变量 workday,即相当于:

```
workday = tue;
```

甚至可以是表达式,例如:

```
workday = (enum weekday)(5 - 3);
```

9.4 自定义类型

C 语言不仅提供了丰富的数据类型,而且还允许用户自定义类型。也就是说,允许由用户为数据类型取别名。类型定义符 typedef 即用来完成此功能。例如,有整型变量 a、b,其定义形式如下:

int a,b;

其中,int 是整型变量的类型说明符。整数的完整写法为 integer 为了增加程序的可读性可对整型说明符 int 用 typedef 重新命名。例如:

typedef int INTEGER;

以后就可用 INTEGER 来代替 int 作整型变量的类型说明符了。

例如:

INTEGER a,b;

等效于:

int a,b;

typedef 定义的一般形式为

typedef　原类型名　新类型名;

其中,"原类型名"为已存在的数据类型名 ,"新类型名"一般用大写字母表示,以便于区别。

用 typedef 进行类型定义,将对编程带来很大的方便,不仅使程序书写简单而且使意义更为明确,因而增强了程序的可读性。

(1) 用 typedef 定义数组

例如:

```
typedef int NUM[50];        //声明 NUM 为长度为 50 的整型数组类型
NUM s1,s2;                  //定义 s1、s2 为整型数组变量
```

变量 s1、s2 的定义等效于:

int s1[50],s2[50]

(2) 用 typedef 定义指针

例如:

```
typedef char * STRING;      //声明 STRING 为字符指针类型
STRING p,st[6];             //定义 p 为字符指针变量,st 为字符指针数组
```

p、st 的定义等效于:

char * p, * st[6];

(3) 用 typedef 定义结构体类型

例如:

```
typedef struct student_type
{
    long    num;
    char    * name;
    int     age;
    char    sex;
} STUTP;
```

定义 STUTP 表示结构体类型 struct　student_type,然后可用 STUTP 来声明结构体变量。

STUTP stu1,stu2;

等效于：

struct student_type stul,stu2;

关于 typedef 的几点说明。

（1）用 typedef 可以声明各种类型名，但不能用来定义变量。

（2）用 typedef 只是对已经存在的类型增加一个别名，并没有创造出新的类型，例如：

Typedef int COUNT

此处声明的整型类型 COUNT，只是对 int 型另给了一个新名字。

（3）typedef 与 ♯define 有相似之处，例如：

typedef int COUNT;

和

♯ define int COUNT

的作用都是用 COUNT 代表 int，但它们是不同的。♯define 是由预处理完成的，只能作简单的字符串替换；typedef 则是在编译时完成的，后者更为灵活方便。

综上所述，typedef 命令只是用新的类型名来代替已有的类型名，并没有为用户建立新的数据类型。使用 typedef 进行类型定义可以增加程序的可读性，并且为程序移植提供方便。

习　题

1. 定义以下结构体类型

```
struct  s
{   int   a;
    char   b;
    float f;
};
```

则语句 printf("％d",sizeof(struct s))的输出结果为（　　）。

A. 3　　　　　　　B. 7　　　　　　　C. 6　　　　　　　D. 4

2. 当定义一个结构体变量时，系统为它分配的内存空间是（　　）。

A. 结构中一个成员所需的内存容量

B. 结构中第一个成员所需的内存容量

C. 结构体中占内存容量最大者所需的容量

D. 结构中各成员所需内存容量之和

3. 定义以下结构体类型

```
struct s
{ int x;
    float f;
}a[3];
```

语句 printf("％d",sizeof(a))的输出结果为（　　）。

A. 4　　　　　　　B. 12　　　　　　　C. 18　　　　　　　D. 6

4. 定义以下结构体数组

```
struct c
    { int x;
      int y;
    }s[2] = {1,3,2,7};
```

语句 printf("%d",s[0].x*s[1].x)的输出结果为(　　)。

A. 14　　　　　　B. 6　　　　　　　　C. 2　　　　　　　D. 21

5. 运行下列程序段,输出结果是(　　)。

```
struct country
{ int num;
  char name[10];
}x[5] = {1,"China",2,"USA",3,"France",4,"England",5,"Spanish"};
struct country * p;
p = x + 2;
  printf("%d,%c",p->num,(*p).name[2]);
```

A. 3,a　　　　　　B. 4,g　　　　　　C. 2,U　　　　　D. 5,S

6. 定义以下结构体类型

```
struct  student
{  char    name[10];
   int     score[50];
   float   average;
}stud1;
```

则 stud1 占用内存的字节数是(　　)。

A. 64　　　　　　B. 114　　　　　　C. 228　　　　　D. 7

7. 以下各选项企图说明一种新类型名,其中正确的是(　　)。

A. typedef　a1　int;　　　　　　　B. typedef　a2＝int

C. typedef　int　a3;　　　　　　　D. typedef　a4;int;

8. 若有以下说明和定义语句,则变量 w 在内存中所占的字节数是(　　)。

union aa {float x;float y;char c[6];};

struct st {union aa v;float w[5];double ave;}w;

A. 42　　　　　　B. 34　　　　　　C. 30　　　　　　D. 26

第10章 文　　件

10.1　文 件 概 述

所谓"文件"是指一组相关数据的有序集合。这个数据集有一个名称,称为文件名。实际上在前面的各章中我们已经多次使用了文件,例如源程序文件、目标文件、可执行文件、库文件（头文件）等。

10.1.1　文件的分类

文件通常是驻留在外部介质（如磁盘等）上的,在使用时才调入内存中来。从不同的角度可对文件作不同的分类。

（1）从用户的角度看,文件可分为普通文件和设备文件两种。

普通文件是指驻留在磁盘或其他外部介质上的一个有序数据集,可以是源文件、目标文件、可执行程序;也可以是一组待输入处理的原始数据,或者是一组输出的结果。对于源文件、目标文件、可执行程序可以称作程序文件,对输入/输出数据可称作数据文件。

设备文件是指与主机相连的各种外部设备,如显示器、打印机、键盘等。在操作系统中,把外部设备也看作是一个文件来进行管理,把它们的输入/输出等同于对磁盘文件的读和写。

通常把显示器定义为标准输出文件,一般情况下在屏幕上显示有关信息就是向标准输出文件输出。如前面经常使用的 printf,putchar 函数就是这类输出。

键盘通常被指定标准的输入文件,从键盘上输入就意味着从标准输入文件上输入数据。scanf,getchar 函数就属于这类输入。

（2）从文件编码的方式来看,文件可分为 ASCII 码文件和二进制码文件两种。

ASCII 文件也称为文本文件,这种文件在磁盘中存放时每个字符对应一个字节,用于存放对应的 ASCII 码。

例如,数 5678 的存储形式为

ASCII 码：　　　　00110101　00110110　00110111　00111000
　　　　　　　　　　　↓　　　　　↓　　　　　↓　　　　　↓
十进制码：　　　　　5　　　　　6　　　　　7　　　　　8
共占用 4 个字节。

ASCII 码文件可在屏幕上按字符显示,例如源程序文件就是 ASCII 文件,由于是按字符显示,因此能读懂文件内容。

二进制文件是按二进制的编码方式来存放文件的。

例如,数 5678 的存储形式为

    00010110　00101110

只占二个字节。二进制文件虽然也可在屏幕上显示,但其内容无法读懂。C 系统在处理这些文件时,并不区分类型,都看成是字符流,按字节进行处理。

(3) 按文件的读写方式可分为顺序存取文件和随机存取文件。

文件的顺序存取指的是:读/写文件数据只能从第一个数据位置开始,依次处理所有数据直至文件数据全部出来完成。文件的随机存取指的是:可以直接对文件的某一元素进行访问(读/写)。

(4) 根据文件的内容,可分为程序文件和数据文件,程序文件又可分为源文件、目标文件和可执行文件。

10.1.2　文件指针

在 C 语言中用一个指针变量指向一个文件,这个指针称为文件指针。通过文件指针就可对它所指的文件进行各种操作。

定义说明文件指针的一般形式为

    FILE * 指针变量标识符;

其中 FILE 应为大写,它实际上是由系统定义的一个结构,该结构中含有文件名、文件状态和文件当前位置等信息。在编写源程序时不必关心 FILE 结构的细节。

例如:　FILE * fp;

表示 fp 是指向 FILE 结构的指针变量,通过 fp 即可找存放某个文件信息的结构变量,然后按结构变量提供的信息找到该文件,实施对文件的操作。习惯上也笼统地把 fp 称为指向一个文件的指针。

10.2　文件的打开与关闭

文件在进行读写操作之前要先打开,使用完毕要关闭。所谓打开文件,实际上是建立文件的各种有关信息,并使文件指针指向该文件,以便进行其他操作。关闭文件则断开指针与文件之间的联系,也就禁止再对该文件进行操作。数据从磁盘流到内存称为"读",数据从内存流到磁盘称为"写"。

打开文件后,文件内部指针指向文件中的第 1 个数据,当读取了它所指向的数据后,指针会自动指向下一个数据。当向文件写入数据时,写完后指针也是自动指向下一个要写入数据的位置。

在 C 语言中,文件操作都是由库函数来完成的。在本章内将介绍主要的文件操作函数。

10.2.1　文件的打开(fopen 函数)

fopen 函数用来打开一个文件,其调用的一般形式为

　　文件指针名 = fopen(文件名,使用文件方式);

其中:

"文件指针名"必须是被说明为 FILE 类型的指针变量;

"文件名"是被打开文件的文件名字符串常量或该串的首地址;

"使用文件方式"是指文件的类型和操作要求。

例如:

```
FILE * fp;
fp = ("data1.txt","r");
```

其意义是在当前目录下打开文件 data1.txt,只允许进行"读"操作,并使 fp 指向该文件。

又如:

```
FILE * fphzk;
fphzk = ("c:\\test","rb");
```

其意义是打开 C 驱动器磁盘的根目录下的文件 test,这是一个二进制文件,只允许按二进制方式进行读操作。两个反斜线"\\ "中的第一个表示转义字符,第二个表示根目录。

使用文件的方式有多种选择,下面给出了它们的符号和意义,如表 10-1 所示。

表 10-1　文件打开方式说明

文件使用方式	意　义
"rt"	只读打开一个文本文件,只允许读数据
"wt"	只写打开或建立一个文本文件,只允许写数据
"at"	追加打开一个文本文件,并在文件末尾写数据
"rb"	只读打开一个二进制文件,只允许读数据
"wb"	只写打开或建立一个二进制文件,只允许写数据
"ab"	追加打开一个二进制文件,并在文件末尾写数据
"rt+"	读写打开一个文本文件,允许读和写
"wt+"	读写打开或建立一个文本文件,允许读写
"at+"	读写打开一个文本文件,允许读,或在文件末追加数据
"rb+"	读写打开一个二进制文件,允许读和写
"wb+"	读写打开或建立一个二进制文件,允许读和写
"ab+"	读写打开一个二进制文件,允许读,或在文件末追加数据

对于文件使用方式有以下几点说明:

(1) 文件使用方式由操作方式和文件类型组成。操作方式由 r,w,a 和十四个字符组成,r(read)表示读;w(write)表示写;a(append)表示追加;+表示读和写。文件类型由 t 和 b 字符组成,t(text)表示文本文件,可省略不写;b(banary)表示二进制文件。

（2）凡用"r"打开一个文件时，该文件必须已经存在，且只能从该文件读出，否则会出错。

（3）用"w"打开的文件只能向该文件写入。若打开的文件不存在，则以指定的文件名建立该文件，若打开的文件已经存在，则将该文件删去，重建一个新文件。

（4）若要向一个已存在的文件追加新的信息，只能用"a"方式打开文件。但此时该文件必须是存在的，否则将会出错。

（5）在打开一个文件时，如果出错，fopen 将返回一个空指针值 NULL。在程序中可以用这一信息来判别是否完成打开文件的工作，并作相应的处理。因此常用以下程序段打开文件：

```
if((fp = fopen("c:\\test","rb") == NULL)
{
    printf("\nerror on open c:\\test file!");
    getch();
    exit(1);
}
```

这段程序的意义是，如果返回的指针为空，表示不能打开 C 盘根目录下的 test 文件，则给出提示信息"error on open c:\ test file!"，下一行 getch()的功能是从键盘输入一个字符，但不在屏幕上显示。在这里，该行的作用是等待，只有当用户从键盘敲任一键时，程序才继续执行，因此用户可利用这个等待时间阅读出错提示。敲键后执行 exit(1)退出程序。

（6）把一个文本文件读入内存时，要将 ASCII 码转换成二进制码，而把文件以文本方式写入磁盘时，也要把二进制码转换成 ASCII 码，因此文本文件的读写要花费较多的转换时间。对二进制文件的读写不存在这种转换。

（7）标准输入文件（键盘），标准输出文件（显示器），标准出错输出（出错信息）是由系统打开的，可直接使用。

10.2.2　文件关闭函数（fclose 函数）

fclose 函数调用的一般形式是：

```
    fclose(文件指针);
```

例如：fclose(fp);

文件一旦使用完毕，应用关闭文件函数把文件关闭，以避免文件的数据丢失等错误。

正常完成关闭文件操作时，fclose 函数返回值为 0。如返回非零值则表示有错误发生。

10.3　文件的读写

对文件的读和写是最常用的文件操作。在 C 语言中提供了多种文件读写的函数：

• 字符读写函数：fgetc 和 fputc。

- 字符串读写函数：fgets 和 fputs。
- 数据块读写函数：freed 和 fwrite。
- 格式化读写函数：fscanf 和 fprinf。

下面分别予以介绍。使用以上函数都要求包含头文件 stdio. h。

10.3.1　字符读写函数 fgetc 和 fputc

字符读写函数是以字符(字节)为单位的读写函数。每次可从文件读出或向文件写入一个字符。

1. 读字符函数 fgetc

fgetc 函数的功能是从指定的文件中读一个字符，函数调用的形式为

　　字符变量 = fgetc(文件指针);

例如：　ch=fgetc(fp);

其意义是从打开的文件 fp 中读取一个字符并送入 ch 中。

对于 fgetc 函数的使用有以下几点说明：

(1) 在 fgetc 函数调用中，读取的文件必须是以读或读写方式打开的。

(2) 读取字符的结果也可以不向字符变量赋值，

例如：　fgetc(fp);

但是读出的字符不能保存。

(3) 在文件内部有一个位置指针。用来指向文件的当前读写字节。在文件打开时，该指针总是指向文件的第一个字节。使用 fgetc 函数后，该位置指针将向后移动一个字节。因此可连续多次使用 fgetc 函数，读取多个字符。应注意文件指针和文件内部的位置指针不是一回事。文件指针是指向整个文件的，须在程序中定义说明，只要不重新赋值，文件指针的值是不变的。文件内部的位置指针用以指示文件内部的当前读写位置，每读写一次，该指针均向后移动，它不需在程序中定义说明，而是由系统自动设置的。

例 10.1　读入文件 c1. txt，在屏幕上输出。

```
#include<stdio.h>
int main()
{
    FILE *fp;
    char ch;
    if((fp=fopen("d:\\jrzh\\example\\c1.txt","rt"))==NULL)
    {
        printf("\nCannot open file strike any key exit!");
        getch();
        exit(1);
    }
    ch=fgetc(fp);
    while(ch! =EOF)
```

```
    {
        putchar(ch);
        ch = fgetc(fp);
    }
    fclose(fp);
    return 0;
}
```

本例程序的功能是从文件中逐个读取字符,在屏幕上显示。程序定义了文件指针 fp,以读文本文件方式打开文件"d:\\jrzh\\example\\c1.txt",并使 fp 指向该文件。如打开文件出错,给出提示并退出程序。程序第 12 行先读出一个字符,然后进入循环,只要读出的字符不是文件结束标志(每个文件末有一结束标志 EOF)就把该字符显示在屏幕上,再读入下一字符。每读一次,文件内部的位置指针向后移动一个字符,文件结束时,该指针指向 EOF。执行本程序将显示整个文件。

2. 写字符函数 fputc

fputc 函数的功能是把一个字符写入指定的文件中,函数调用的形式为

　　fputc(字符量,文件指针);

其中,待写入的字符量可以是字符常量或变量,例如:

fputc('a',fp);

其意义是把字符 a 写入 fp 所指向的文件中。

对于 fputc 函数的使用也要说明几点:

(1) 被写入的文件可以用写、读写、追加方式打开,用写或读写方式打开一个已存在的文件时将清除原有的文件内容,写入字符从文件首开始。如需保留原有文件内容,希望写入的字符以文件末开始存放,必须以追加方式打开文件。被写入的文件若不存在,则创建该文件。

(2) 每写入一个字符,文件内部位置指针向后移动一个字节。

(3) fputc 函数有一个返回值,如写入成功则返回写入的字符,否则返回一个 EOF。可用此来判断写入是否成功。

例 10.2　从键盘输入一行字符,写入一个文件,再把该文件内容读出显示在屏幕上。

```
#include<stdio.h>
int main()
{
    FILE * fp;
    char ch;
    if((fp = fopen("d:\\jrzh\\example\\string","wt + ")) = = NULL)
    {
        printf("Cannot open file strike any key exit!");
        getch();
        exit(1);
    }
```

```
    printf("input a string:\n");
    ch = getchar();
    while (ch! = '\n')
    {
        fputc(ch,fp);
        ch = getchar();
    }
    rewind(fp);
    ch = fgetc(fp);
    while(ch! = EOF)
    {
        putchar(ch);
        ch = fgetc(fp);
    }
    printf("\n");
    fclose(fp);
    return 0;
}
```

程序中第 6 行以读写文本文件方式打开文件 string。程序第 13 行从键盘读入一个字符后进入循环,当读入字符不为回车符时,则把该字符写入文件之中,然后继续从键盘读入下一字符。每输入一个字符,文件内部位置指针向后移动一个字节。写入完毕,该指针已指向文件末。如要把文件从头读出,须把指针移向文件头,程序第 19 行 rewind 函数用于把 fp 所指文件的内部位置指针移到文件头。第 20 至 25 行用于读出文件中的一行内容。

例 10.3 将文件 data1.txt 中的内容复制到文件 data2.txt 中。

```
# include<stdio.h>
int main()
{
    FILE * fp1, * fp2;
    char ch;
    if((fp1 = fopen("data1.txt","rt")) == NULL)
    {
        printf("Cannot open data1.txt\n");
        getch();
        exit(1);
    }
    else if((fp2 = fopen("data2.txt","wt + ")) == NULL)
    {
        printf("Cannot open data2.txt\n");
        getch();
```

```
        exit(1);
    }
    while((ch = fgetc(fp1))! = EOF)
        fputc(ch,fp2);
    fclose(fp1);
    fclose(fp2);
}
```

程序中定义了两个文件指针 fp1 和 fp2,分别指向 data1. txt 和 data2. txt 文件。如文件不存在,则给出提示信息。程序第 18 行和 19 行用循环语句逐个读出 data1. txt 中的字符再送到文件 data2. txt 中。

10.3.2 字符串读写函数 fgets 和 fputs

1. 读字符串函数 fgets

函数的功能是从指定的文件中读一个字符串到字符数组中,函数调用的形式为

    fgets(字符数组名,n,文件指针);

其中的 n 是一个正整数。表示从文件中读出的字符串不超过 n−1 个字符。在读入的最后一个字符后加上串结束标志'\0'。

例如: fgets(str,n,fp);

意义是从 fp 所指的文件中读出 n−1 个字符送入字符数组 str 中。

例 10.4 从 string 文件中读入一个含 10 个字符的字符串。

```
#include<stdio.h>
int main()
{
    FILE * fp;
    char str[11];
    if((fp = fopen("d:\\jrzh\\example\\string","rt")) = = NULL)
    {
        printf("\nCannot open file strike any key exit!");
        getch();
        exit(1);
    }
    fgets(str,11,fp);
    printf("\n%s\n",str);
    fclose(fp);
    return 0;
}
```

本例定义了一个字符数组 str 共 11 个字节,在以读文本文件方式打开文件 string 后,从中读出 10 个字符送入 str 数组,在数组最后一个单元内将加上'\0',然后在屏幕上显示输出 str 数组。

对 fgets 函数有两点说明：

（1）在读出 n−1 个字符之前，如遇到了换行符或 EOF，则读出结束。

（2）fgets 函数也有返回值，其返回值是字符数组的首地址。

2. 写字符串函数 fputs

fputs 函数的功能是向指定的文件写入一个字符串，其调用形式为

    fputs(字符串,文件指针);

其中字符串可以是字符串常量，也可以是字符数组名，或指针变量，例如：

fputs("abcd",fp);

其意义是把字符串"abcd"写入 fp 所指的文件之中。

例 10.5 在例 10.2 中建立的文件 string 中追加一个字符串。

```c
#include<stdio.h>
int main()
{
    FILE * fp;
    char ch,st[20];
    if((fp = fopen("string","at + ")) == NULL)
    {
        printf("Cannot open file strike any key exit!");
        getch();
        exit(1);
    }
    printf("input a string:\n");
    scanf("%s",st);
    fputs(st,fp);
    rewind(fp);
    ch = fgetc(fp);
    while(ch! = EOF)
    {
        putchar(ch);
        ch = fgetc(fp);
    }
    printf("\n");
    fclose(fp);
    return 0;
}
```

本例要求在 string 文件末加写字符串，因此，在程序第 6 行以追加读写文本文件的方式打开文件 string。然后输入字符串，并用 fputs 函数把该串写入文件 string。在程序 15 行用 rewind 函数把文件内部位置指针移到文件首。再进入循环逐个显示当前文件中的全部内容。

10.3.3　数据块读写函数 fread 和 fwtrite

C 语言还提供了用于整块数据的读写函数。可用来读写一组数据,如一个数组元素,一个结构变量的值等。

读数据块函数调用的一般形式为

```
fread(buffer,size,count,fp);
```

写数据块函数调用的一般形式为:

```
fwrite(buffer,size,count,fp)
```

其中:

buffer:是一个指针,在 fread 函数中,它表示存放输入数据的首地址。在 fwrite 函数中,它表示存放输出数据的首地址。

size:表示数据块的字节数。

count:表示要读写的数据块块数。

fp:表示文件指针。

例如:

fread(fa,4,5,fp);

其意义是从 fp 所指的文件中,每次读 4 个字节(一个实数)送入实数组 fa 中,连续读 5 次,即读 5 个实数到 fa 中。

例 10.6　从键盘输入两个学生数据,写入一个文件中,再读出这两个学生的数据显示在屏幕上。

```
#include<stdio.h>
struct stu
{
    char name[10];
    int num;
    int age;
    char addr[15];
}boya[2],boyb[2],* pp,* qq;
main()
{
    FILE  * fp;
    char ch;
    int i;
    pp = boya;
    qq = boyb;
    if((fp = fopen("d:\\jrzh\\example\\stu_list","wb + ")) = = NULL)
    {
        printf("Cannot open file strike any key exit!");
```

```
        getch();
        exit(1);
    }
    printf("\ninput data\n");
    for(i=0;i<2;i++,pp++)
        scanf("%s%d%d%s",pp->name,&pp->num,&pp->age,pp->addr);
    pp=boya;
    fwrite(pp,sizeof(struct stu),2,fp);
    rewind(fp);
    fread(qq,sizeof(struct stu),2,fp);
    printf("\n\nname\tnumber      age       addr\n");
    for(i=0;i<2;i++,qq++)
        printf("%s\t%5d%7d%s\n",qq->name,qq->num,qq->age,qq->addr);
    fclose(fp);
}
```

本例程序定义了一个结构 stu,说明了两个结构数组 boya 和 boyb 以及两个结构指针变量 pp 和 qq。pp 指向 boya,qq 指向 boyb。程序第 16 行以读写方式打开二进制文件"stu_list",输入两个学生数据之后,写入该文件中,然后把文件内部位置指针移到文件首,读出两块学生数据后,在屏幕上显示。

10.3.4 格式化读写函数 fscanf 和 fprintf

fscanf 函数,fprintf 函数与前面使用的 scanf 和 printf 函数的功能相似,都是格式化读写函数。两者的区别在于 fscanf 函数和 fprintf 函数的读写对象不是键盘和显示器,而是磁盘文件。

这两个函数的调用格式为

fscanf(文件指针,格式字符串,输入表列);

fprintf(文件指针,格式字符串,输出表列);

例如:

```
fscanf(fp,"%d%s",&i,s);
fprintf(fp,"%d%c",j,ch);
```

用 fscanf 和 fprintf 函数也可以完成例 10.6 的问题。修改后的程序如例 10.7 所示。

例 10.7 用 fscanf 和 fprintf 函数实现例 10.6 的问题。

```
#include<stdio.h>
struct stu
{
    char name[10];
    int num;
    int age;
    char addr[15];
}boya[2],boyb[2],*pp,*qq;
```

```
int main()
{
    FILE * fp;
    char ch;
    int i;
    pp = boya;
    qq = boyb;
    if((fp = fopen("stu_list","wb + ")) = = NULL)
    {
        printf("Cannot open file strike any key exit!");
        getch();
        exit(1);
    }
    printf("\ninput data\n");
    for(i = 0;i<2;i + + ,pp + + )
        scanf("% s % d % d % s",pp - >name,&pp - >num,&pp - >age,pp - >addr);
    pp = boya;
    for(i = 0;i<2;i + + ,pp + + )
        fprintf(fp," % s % d % d % s\n",pp - >name,pp - >num,pp - >age,pp - >addr);
    rewind(fp);
    for(i = 0;i<2;i + + ,qq + + )
        fscanf(fp," % s % d % d % s\n",qq - >name,&qq - >num,&qq - >age,qq - >addr);
    printf("\n\nname\tnumber    age    addr\n");
    qq = boyb;
    for(i = 0;i<2;i + + ,qq + + )
        printf(" % s\t % 5d % 7d % s\n",qq - >name,qq - >num,qq - >age,qq - >addr);
    fclose(fp);
    return 0;
}
```

本程序中 fscanf 和 fprintf 函数每次只能读写一个结构数组元素,因此采用了循环语句来读写全部数组元素。还要注意指针变量 pp,qq 由于循环改变了它们的值,因此在程序的 25 行和 32 行分别对它们重新赋予了数组的首地址。

10.4 文件的随机读写

文件在使用时,内部有一个位置指针,用来指定文件当前的读写位置。前面介绍的对文件的读写方式都是顺序读写,即读写文件只能从头开始,顺序读写各个数据。但在实际问题中常要求只读写文件中某一指定的部分。为了解决这个问题可移动文件内部的位置指针到需要读写的位置,再进行读写,这种读写称为随机读写。

实现随机读写的关键是要按要求移动位置指针,这称为文件的定位。

10.4.1 文件定位

移动文件内部位置指针的函数主要有两个,即 rewind 函数和 fseek 函数。

rewind 函数其调用形式为

    rewind(文件指针);

它的功能是把文件内部的位置指针移到文件的开头。

fseek 函数用来移动文件内部位置指针,其调用形式为

    fseek(文件指针,位移量,起始点);

其中:

"文件指针"指向被移动的文件。

"位移量"表示移动的字节数,要求位移量是 long 型数据,以便在文件长度大于 64KB 时不会出错。当用常量表示位移量时,要求加后缀"L"。

"起始点"表示从何处开始计算位移量,规定的起始点有三种:文件首,当前位置和文件尾。其表示方法如表 10-2 所示。

表 10-2 起始点表示方法

起始点	表示符号	数字表示
文件首	SEEK_SET	0
当前位置	SEEK_CUR	1
文件末尾	SEEK_END	2

例如:

fseek(fp,100L,0);

其意义是把位置指针移到离文件首 100 个字节处。

还要说明的是 fseek 函数一般用于二进制文件。在文本文件中由于要进行转换,故往往计算的位置会出现错误。

10.4.2 文件的随机读写

在移动位置指针之后,即可用前面介绍的任一种读写函数进行读写。由于一般是读写一个数据块,因此常用 fread 和 fwrite 函数。

下面用例题来说明文件的随机读写。

例 10.8 在学生文件 stu_list 中读出第二个学生的数据。

```
# include<stdio.h>
struct stu
{
```

```
    char name[10];
    int num;
    int age;
    char addr[15];
}boy, * qq;
int main()
{
    FILE  * fp;
    char ch;
    int i = 1;
    qq = &boy;
    if((fp = fopen("stu_list","rb")) = = NULL)
    {
        printf("Cannot open file strike any key exit!");
        getch();
        exit(1);
    }
    rewind(fp);
    fseek(fp,i * sizeof(struct stu),0);
    fread(qq,sizeof(struct stu),1,fp);
    printf("\n\nname\tnumber        age        addr\n");
    printf(" % s\t % 5d   % 7d        % s\n",qq - >name,qq - >num,qq - >age,
            qq - >addr);
    return 0;
}
```

文件 stu_list 已由例 10.6 的程序建立,本程序用随机读出的方法读出第二个学生的数据。程序中定义 boy 为 stu 类型变量,qq 为指向 boy 的指针。以读二进制文件方式打开文件,程序第 22 行移动文件位置指针。其中的 i 值为 1,表示从文件头开始,移动一个 stu 类型的长度,然后再读出的数据即为第二个学生的数据。

10.5 文件检测函数

C 语言中常用的文件检测函数有以下几个。

10.5.1 文件结束检测函数 feof 函数

调用格式:

    feof(文件指针);

功能:在程序中判断被读文件是否已经读完,feof 函数既适用于文本文件,也适用于二进制文件结束的判断。如果最后一次文件读取失败或读取到文件结束符则返回非 0,否则返回 0;

10.5.2　读写文件出错检测函数

ferror 函数调用格式:

ferror(文件指针);

功能:检查文件在用各种输入/输出函数进行读写时是否出错。如 ferror 返回值为 0 表示未出错,否则表示有错。

10.5.3　文件出错标志和文件结束标志置 0 函数

clearerr 函数调用格式:

clearer(文件指针);

功能:本函数用于清除出错标志和文件结束标志,使它们为 0 值。

10.6　本章小结

(1) C 语言系统把文件当作一个"流",按字节进行处理。

(2) C 语言文件按编码方式分为二进制文件和 ASCII 码文件。

(3) C 语言中,用文件指针标识文件,当一个文件被 打开时,可取得该文件指针。

(4) 文件在读写之前必须打开,读写结束必须关闭。

(5) 文件可按只读、只写、读写、追加四种操作方式打开,同时还必须指定文件的类型是二进制文件还是文本文件。

(6) 文件可按字节,字符串,数据块为单位读写,文件也可按指定的格式进行读写。

(7) 文件内部的位置指针可指示当前的读写位置,移动该指针可以对文件实现随机读写。

习　题

一、选择题

1. 系统的标准数入文件是指(　　)。

A. 键盘　　　　B. 显示器　　　　C. 软盘　　　　D. 硬盘

2. 若执行 fopen 函数时发生错误,则函数的返回值是(　　)。

A. 地址值　　　B. 0　　　　　　C. 1　　　　　　D. EOF

3. 若要用 fopen 函数打开一个新的二进制文件,该文件要既能读也能写,则文件方式字符串应是(　　)。

A. "ab+"　　　　B. "wb+"　　　　C. "rb+"　　　　D. "ab"

4. fscanf 函数的正确调用形式是（　　　）。

A. fscanf(fp,格式字符串,输出表列)

B. fscanf(格式字符串,输出表列,fp);

C. fscanf(格式字符串,文件指针,输出表列);

D. fscanf(文件指针,格式字符串,输入表列);

5. fgetc 函数的作用是从指定文件读入一个字符,该文件的打开方式必须是（　　　）。

A. 只写　　　　　　　　B. 追加　　　　　　　　C. 读或读写　　　　　　　　D. 答案 B 和 C 都正确

6. 函数调用语句:fseek(fp,−20L,2);的含义是（　　　）。

A. 将文件位置指针移到距离文件头 20 个字节处

B. 将文件位置指针从当前位置向后移动 20 个字节

C. 将文件位置指针从文件末尾处后退 20 个字节

D. 将文件位置指针移到离当前位置 20 个字节处

7. 利用 fseek 函数可实现的操作（　　　）。

A. fseek(文件类型指针,起始点,位移量);

B. fseek(fp,位移量,起始点);

C. fseek(位移量,起始点,fp);

D. fseek(起始点,位移量,文件类型指针);

8. 函数 fwrite(buffer, size, count, fp)的参数中,buffer 代表的是（　　　）。

A. 一个整型变量,代表要写入的数据块总长度

B. 一个文件指针,指向要操作的文件

C. 一个存储区,用于存放从文件中读入的数据项

D. 一个指针,指向要写入数据的存放起始地址

二、编程题

1. 从键盘输入一行字符串,逐个把它们送到磁盘文件 test. txt 中,用♯标识符代表字符串输入结束。

2. 将数组 a 的四个元素和数组 b 的六个元素写到名为 abc. txt 二进制文件中。

3. 输入 10 个学生的数据(包含学号、姓名、成绩),存入文件 std. txt 中。

第11章 综合项目——学生成绩管理系统

通过综合项目的练习,学生可以系统掌握 C 语言的基本原理、熟练掌握程序设计的基础知识、基本概念和程序设计的思想和编程技巧;通过综合项目,学生能系统掌握软件的基本架构、熟悉软件开发的基本流程和软件测试的基本过程。

11.1 设 计 要 求

设计一个学生成绩管理系统。该系统应该具有输入、查询、修改、删除、插入、排序、统计、保存、输出及退出功能。

11.2 总 体 设 计

学生成绩管理系统主要采用结构体和文件知识实现,程序由密码验证、学生成绩增加、学生成绩浏览、学生成绩查询、学生成绩排序、学生成绩排序、学生成绩删除、学生成绩修改、学生成绩统计和退出系统九大功能模块构成。其框架图如图 11-1 所示 。

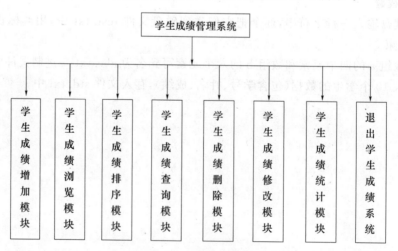

图 11-1 学生成绩管理框架图

(1)学生成绩增加模块
学生成绩增加模块要求完成学生学号、姓名、学院、班级、3 门课程(高数、英语、C 语言)成绩等信息的输入和添加。

（2）学生成绩浏览模块

学生成绩浏览模块要求完成按学生学号或总分名次进行学生信息的浏览。

（3）学生成绩排序模块

学生成绩排序模块要求完成按学生的学号或成绩升序或降序排列学生的信息。

（4）学生成绩查询模块

学生成绩查询模块要求完成按学生学号或姓名进行学生信息的查询，并把查询的结果在屏幕上显示出来。

（5）学生成绩删除模块

学生成绩删除模块要求完成可按照学号删除某一学生的信息。

（6）学生成绩修改模块

学生成绩修改模块要求完成可按学生基本信息（如：学号、姓名）和学生成绩信息（高数、英语、C 语言）进行学生记录的修改。

（7）学生成绩统计模块

学生层级统计模块要求完成可统计每门课程的总分和平均分、最低分和最高分、各分数段的人数，并能显示统计的结果。

（8）退出系统模块

退出系统模块要求能实现系统的正常退出。

11.3　详 细 设 计

1. 程序流程图

学生成绩管理系统的主流程图如图 11-2 所示。

2. 数据结构设计

结构类型定义，本程序定义结构体 student，用于存放学生的基本信息。定义代码如下：

```
#define SIZE 30              //定义保存学生的最大数量
struct student               //定义一个结构体数组存放学生的信息
{
    int number;              //学号
    char name[20];           //姓名
    char cla[30];            //班级
    int score[3];            //分数
    int sum;                 //总分
    float average;           //平均分
}stu[SIZE];
```

3. 函数设计

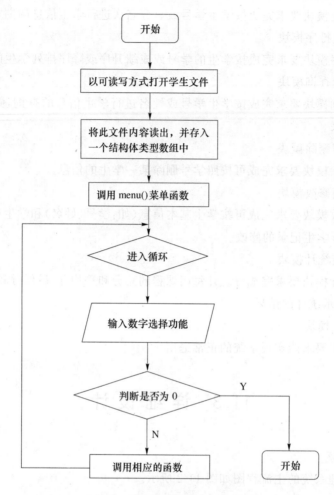

图 11-2　学生成绩管理系统流程图

3. 系统功能函数如下：

```
void menu();                              //调用菜单函数
void inputstu(int * stunumber);          //学生成绩增加函数
void savestu(int count,int bz);          //保存数据函数
void readstu(int * stunumber);           //从文件中读取数据
void browsestu(int * stunumber);         //浏览学生信息
void sortstu(int * stunumber);           //排序
void deletestu(int * stunumber);         //删除学生
void modifystu(int * stunumber);         //修改学生成绩
int  findnumber(int * stunumber,int xh); //按学号进行查找
int  findname(int * stunumber,char * xm);//按姓名进行查找
void searchstu(int * stunumber);         //学生成绩查询
void countstu(int * stunumber);          //统计操作
```

```
void printone(int k);                    //输出一个学生的信息
void tjmaxmin(int * stunumber);          //统计各科最高分,最低分
void tjfsd(int * stunumber);             //按平均分分数段统计
```

4. 函数具体实现

(1) 主函数的设计

```
int main()
{
    int choice;                          //用户选择变量
    int stunumber = 0;                   //学生数量
    printf(" ******************************************** \n");
    printf(" *                                         * \n");
    printf(" *           & 学生成绩文件管理 &           * \n");
    printf(" *                                         * \n");
    printf(" ******************************************** \n\n\n");
    printf(" ************ ●●欢迎使用●● *********** ");
    while (1)
    {
        menu();                          //调用菜单函数形成操作界面
        printf("请选择主菜单功能号:(0- -7)");
        scanf(" % d", &choice);
        readstu(&stunumber);
        switch(choice)                   //多重选择实现功能不同的功能
        {
            case 1: inputstu(&stunumber);   break;
            case 2: browsestu(&stunumber); break;
            case 3: sortstu(&stunumber);    break;
            case 4: searchstu(&stunumber);  break;
            case 5: deletestu(&stunumber);  break;
            case 6: modifystu(&stunumber);  break;
            case 7: countstu(&stunumber);   break;
            case 0:
                printf("\n 谢谢使用! 再见! \n");
                exit(0);
            default:
                printf("\n 按键错误! 请重新选择! \n");
        }
    }
    return 0;
}
```

（2）菜单函数

```c
void menu()
{
    printf("************ 请输入所需操作 *********** \n");
    printf("*********************************** \n");
    printf("1.学生成绩增加\n");
    printf("2.学生成绩浏览\n");
    printf("3.学生成绩排序\n");
    printf("4.查询学生信息\n");
    printf("5.删除学生信息\n");
    printf("6.修改学生信息\n");
    printf("7.学生成绩统计操作\n");
    printf("0.退出系统\n");
    printf("*********************************** \n");
}
```

（3）从文件中读取数据

```c
void readstu(int * stunumber)
{
    FILE * fp;
    int i = 0;
    if((fp = fopen("student.dat","rb")) = = NULL)      //以二进制方式读文件
    {
        printf("cannot open file\n");
        exit(1);
    }
    while(fread(&stu[i],sizeof(struct student),1,fp) = = 1)
        i + + ;
    * stunumber = i;
    fclose(fp);
}
```

（4）保存数据到文件

```c
void savestu(int count,int bz)
{
    FILE * fp;
    int i;
    if(bz = = 1)                                    //追加
    {   if((fp = fopen("student.dat","ab")) = = NULL) //以二进制方式追加文件
        {
            printf("cannot open file\n");
```

```
            exit(1);
        }
    }
    else if(bz == 0)                              //覆盖
    {
        if((fp = fopen("student.dat","wb")) == NULL)//以二进制方式写文件
        {
            printf("cannot open file\n");
            exit(1);
        }
    }
    for(i = 0;i<count;i++)
    {
        if(fwrite(&stu[i],sizeof(struct student),1,fp)! = 1)
            printf("file write error\n");
    }
    fclose(fp);
    printf("\n信息保存成功！\n");
}
```

（5）学生成绩增加函数

```
void inputstu(int * stunumber)
{
    char ch = 'y';
    int count = 0;
    system("cls");
    while((ch == 'y') || (ch == 'Y'))
    {
        fflush(stdin);
        printf("请输入学生信息\n");
        printf("学号　姓名　班级　高数　英语　C语言\n");
        scanf("%d %s %s %d %d %d",&stu[count].number,stu[count].name,
stu[count].cla, &stu[count].score[0],&stu[count].score[1],&stu[count].score
[2]);
        stu[count].sum = (stu[count].score[0] + stu[count].score[1] + stu
[count].score[2]);                              //计算总成绩
        stu[count].average = stu[count].sum/3.0;    //计算平均成绩
        printf("是否输入下一个学生信息？(y/n)");
        fflush(stdin);
        scanf("%c",&ch);
```

```
        count + + ;
    }
    * stunumber + = count;
    savestu(count,1);
}
```

(6) 浏览学生信息

```
void browsestu(int * stunumber)
{
    int i;
    printf("\n----------------学生信息如下-----------------------\n");
    printf("\t 学号\t 姓名\t  班级 \t 高数\t 英语\tC 语言\t 总分\t 平均分\n");
    for(i = 0; i< * stunumber; i + + )
        printf("\t % d \t % s\t % s\t % d\t % d\t % d\t % d\t % .2f\n", stu[i].num-
ber, stu[i].name,stu[i].cla,stu[i].score[0],stu[i].score[1],stu[i].score[2],stu
[i].sum, stu[i].average);
    printf("------------------------------------------------------\n\n");
}
```

(7) 排序函数

```
void sortstu(int * stunumber)
{
    int i,j,bz;
    struct student temp;                      //中间变量 类型为结构体 * /
    printf("请选择排序方式:\n");
    printf("1.总分\n");
    printf("2.学号\n");
    scanf(" % d",&bz);
    for(i = 0;i< * stunumber - 1;i + + )
        for (j = i + 1;j< * stunumber;j + + )
                if(bz = = 2)                    //按学号排序
                { if(stu[i].number>stu[j].number)
                    {temp = stu[i];stu[i] = stu[j]; stu[j] = temp;}
                }
            else if(bz = = 1)                  //按成绩排序
                if(stu[i].sum<stu[j].sum)
                    {temp = stu[i];stu[i] = stu[j]; stu[j] = temp;}
    browsestu(stunumber);
}
```

(8) 按姓名进行查找

```
int   findname(int * stunumber,char * xm)
```

```
{
    int i,k = - 1;
    for(i = 0;i< * stunumber;i + + )
      if(strcmp(stu[i].name,xm) = = 0)
      {        k = i;   break; }
    return k;
}
```

（9）按学号进行查找

```
int  findnumber(int * stunumber,int xh)
{
    int i,k = - 1;
    for(i = 0;i< * stunumber;i + + )
     if(stu[i].number = = xh)
     {        k = i;   break; }
    return k;
}
```

（10）修改学生成绩

```
void modifystu(int * stunumber)
{
    int xh;
    int i,k;
    printf("请输入要修改学生的学号:");
    scanf(" % d",&xh);
    k = findnumber(stunumber,xh);
    if(k = = - 1)
    { printf("无该学号的学生! \n");   return ;}
    else
    {
        fflush(stdin);
        printf("请输入要修改后的学生信息\n");
        printf("学号  姓名  班级  高数  英语  C 语言\n");
        scanf(" % d % s % s % d % d % d",&stu[k].number,stu[k].name,stu[k].cla,
&stu[k].score[0], &stu[k].score[1],&stu[k].score[2]);
        stu[k].sum = (stu[k].score[0] + stu[k].score[1] + stu[k].score[2]);
        stu[k].average = stu[k].sum/3.0;    //计算平均成绩
    savestu( * stunumber,0);
    }
}
```

(11) 删除学生

```
void deletestu(int * stunumber)
{
    int xh;
    int i,k;
    printf("请输入要删除学生的学号:");
    scanf("%d",&xh);
    k = findnumber(stunumber,xh);

    if(k == -1)
    { printf("无该学号的学生! \n");  return ;}
    else
    {
        for(i = k; i<( * stunumber)-1; i++ )
                stu[i] = stu[i+1];
        ( * stunumber)-- ;
        savestu( * stunumber,0);
        printf("删除成功!");
    }
}
```

(12) 输出一个学生的信息

```
void printone(int k)
{
    printf("\t学号\t姓名\t  班级 \t高数\t英语\tC 语言\t总分\t平均分\n");
    printf("\t%d\t%s\t%s\t%d\t%d\t%d\t%d\t%.2f\n",stu[k].number,stu
[k].name, stu[k].cla,stu[k].score[0],stu[k].score[1],stu[k].score[2],stu[k].
sum,stu[k].average);
}
```

(13) 学生成绩查询

```
void searchstu(int * stunumber)
{
    int i,k,xh;
    char xm[20];
    printf("按学号查询请按 1,按姓名查询请按 2: ");
    scanf("%d",&i);
    if (i == 1)
    {
            printf("请输入学号:");
            scanf("%d",&xh);
```

```
            k = findnumber(stunumber,xh);
    }
    else if(i == 2)
    {       printf("请输入姓名:");
            scanf("%s",xm);
            k = findname(stunumber,xm);
    }

    if(k == -1)
    { printf("无该学号的学生！\n"); }
    else
    {   fflush(stdin);
        printone(k);
    }
}
```

(14) 统计操作

```
void countstu(int * stunumber)
{
    int i,k,xh;
    char xm[20];
    printf("请选择统计方式.\n");
    printf("1.统计各科最高分,最低分\n");
    printf("2.按平均分统计人数\n");
    scanf("%d",&i);
    if (i == 1)   tjmaxmin(stunumber);
    else if(i == 2)   tjfsd(stunumber);
}
```

(15) 按平均分分数段统计

```
void tjfsd(int * stunumber)
{
    int f1,f2,f3,f4,f5,i;
    f1 = f2 = f3 = f4 = f5 = 0;
    for(i = 0; i< * stunumber; i++)
    {   if(stu[i].average >= 90) f5++;
        else if(stu[i].average >= 80) f4++;
        else if(stu[i].average >= 70) f3++;
        else if(stu[i].average >= 60) f2++;
        else f1++;
    }
    printf("\n----------平均分分数段统计结果------------------\n");
```

```
        printf("\t90 及 90 分以上人数：%d\n",f5);
        printf("\t80 及 80 分以上人数：%d\n",f4);
        printf("\t70 及 70 分以上人数：%d\n",f3);
        printf("\t60 及 60 分以上人数：%d\n",f2);
        printf("\t60 分以下人数：%d\n",f1);
        printf("--------------------------------------------\n\n");
    }
```

(16) 统计各科最高分,最低分

```
void tjmaxmin(int *stunumber)
{   int max1,min1,max2,min2,max3,min3,i;
    if(*stunumber = =0)
    { printf("学生人数为 0"); return ;}
    max1 = min1 = stu[0].score[0];
    max2 = min2 = stu[0].score[1];
    max3 = min3 = stu[0].score[1];
    for(i = 0; i< *stunumber; i++)
    {   if(max1<stu[i].score[0])  max1 = stu[i].score[0];
        if(min1>stu[i].score[0])  min1 = stu[i].score[0];
        if(max2<stu[i].score[1])  max2 = stu[i].score[1];
        if(min2>stu[i].score[1])  min2 = stu[i].score[1];
        if(max3<stu[i].score[2])  max3 = stu[i].score[2];
        if(min3>stu[i].score[2])  min3 = stu[i].score[2];
    }
    printf("\n----------各科最高分、最低分结果-------------------\n");
    printf("高数 ：最高分：%d；最低分：%d\n",max1,min1);
    printf("英语 ：最高分：%d；最低分：%d\n",max2,min2);
    printf("C 语言：最高分：%d；最低分：%d\n",max3,min3);
    printf("--------------------------------------------\n\n");
}
```

11.4 系统运行界面

(1) 系统运行主界面,如图 11-3 所示。

(2) 学生成绩增加界面,如图 11-4 所示。

(3) 学生成绩浏览界面,如图 11-5 所示。

(4) 查询学生成绩界面,如图 11-6 所示。

(5) 修改学生信息界面,如图 11-7 所示。

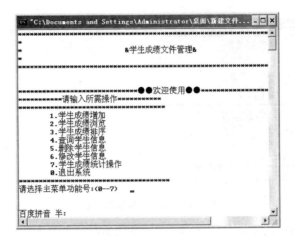

图 11-3　主界面

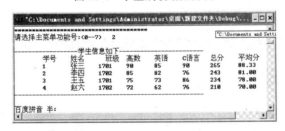

图 11-4　学生成绩增加界面

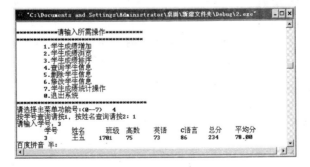

图 11-5　学生成绩浏览界面

图 11-7　修改学生成绩界面

（6）统计各科最高分、最低分界面，如图 11-8 所示。

（7）按平均分分数段统计界面，如图 11-9 所示。

图 11-8　各科最高分、最低分界面　　　　图 11-9　按平均分分数段统计界面

（8）学生成绩排序界面，如图 11-10 所示。

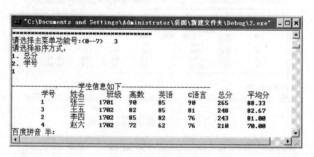

图 11-10　学生成绩排序界面

附录 A 常用字符与 ASCII 代码对照表

ASCII 码值	字符	控制字符	ASCII 码值	字符	ASCII 码值	字符	ASCII 码值	字符	ASCII 码值	字符	ASCII 码值	字符	ASCII 码值	字符	ASCII 码值	字符
000	null	NUL	032	(space)	064	@	096	'	128	Ç	160	á	192	└	224	α
001	☺	SOH	033	!	065	A	097	a	129	Ü	161	í	193	┴	225	β
002	●	STX	034	"	066	B	098	b	130	é	162	ó	194	┬	226	Γ
003	♥	ETX	035	#	067	C	099	c	131	â	163	ú	195	├	227	π
004	♦	EOT	036	$	068	D	100	d	132	ä	164	ñ	196	─	228	Σ
005	♣	END	037	%	069	E	101	e	133	à	165	Ñ	197	†	229	σ
006	♠	ACK	038	&	070	F	102	f	134	å	166	ª	198	├	230	μ
007	beep	BEL	039	'	071	G	103	g	135	ç	167	º	199	├	231	τ
008	backspace	BS	040	(	072	H	104	h	136	ê	168	¿	200	└	232	Φ
009	tab	HT	041	)	073	I	105	i	137	ë	169	┌	201	┌	233	θ
010	换行	LF	042	*	074	J	106	j	138	è	170	┐	202	┴	234	Ω
011	♂	VT	043	+	075	K	107	k	139	ï	171	½	203	┬	235	δ
012	♀	FF	044	,	076	L	108	l	140	î	172	¼	204	├	236	∞
013	回车	CR	045	—	077	M	109	m	141	ì	173	¡	205	─	237	ø
014	♫	SO	046	.	078	N	110	n	142	Ä	174	«	206	┼	238	∈
015	☼	SI	047	/	079	O	111	o	143	Å	175	»	207	┴	239	∩
016	▶	DLE	048	0	080	P	112	p	144	É	176	░	208	┴	240	≡
017	◀	DC1	049	1	081	Q	113	q	145	æ	177	▒	209	┬	241	±
018	↕	DC2	050	2	082	R	114	r	146	Æ	178	▓	210	┬	242	≥
019	‼	DC3	051	3	083	S	115	s	147	ô	179	│	211	└	243	≤
020	¶	DC4	052	4	084	T	116	t	148	ö	180	┤	212	└	244	∫
021	§	NAK	053	5	085	U	117	u	149	ò	181	┤	213	┌	245	⌡
022	▬	SYN	054	6	086	V	118	v	150	û	182	┤	214	┌	246	÷
023	↨	ETB	055	7	087	W	119	w	151	ù	183	┐	215	┼	247	≈
024	↑	CAN	056	8	088	X	120	x	152	ÿ	184	┐	216	┼	248	°
025	↓	EM	057	9	089	Y	121	y	153	Ö	185	┤	217	┘	249	•
026	→	SUB	058	:	090	Z	122	z	154	Ü	186	║	218	┌	250	.
027	←	ESC	059	;	091	[	123	{	155	¢	187	┐	219	█	251	√
028	∟	FS	060	<	092	\	124	¦	156	£	188	┘	220	▬	252	ⁿ
029	↔	GS	061	=	093	]	125	}	157	¥	189	┘	221	▌	253	²
030	▲	RS	062	>	094	^	126	~	158	Pt	190	┘	222	▐	254	■
031	▼	US	063	?	095	_	127	⌂	159	ƒ	191	┐	223	▬	255	Blank 'FF'

注:128~255 是扩展的,表中 000~127 是标准的。

附录 B C 语言中的关键字

C 语言一共有 32 个关键字，如下表所示。

关键字	说　明
auto	声明自动变量
short	声明短整型变量或函数
int	声明整型变量或函数
long	声明长整型变量或函数
float	声明浮点型变量或函数
double	声明双精度变量或函数
char	声明字符型变量或函数
struct	声明结构体变量或函数
union	声明共用数据类型
enum	声明枚举类型
typedef	用以给数据类型取别名
const	声明只读变量
unsigned	声明无符号类型变量或函数
signed	声明有符号类型变量或函数
extern	声明变量是在其他文件正声明
register	声明寄存器变量
static	声明静态变量
volatile	说明变量在程序执行中可被隐含地改变
void	声明函数无返回值或无参数，声明无类型指针
if	条件语句
else	条件语句否定分支（与 if 连用）
switch	用于开关语句
case	开关语句分支
for	一种循环语句
do	循环语句的循环体
while	循环语句的循环条件
goto	无条件跳转语句
continue	结束当前循环，开始下一轮循环
break	跳出当前循环
default	开关语句中的"其他"分支
sizeof	计算数据类型长度
return	子程序返回语句（可以带参数，也可不带参数）循环条件

附录 C 运算符的优先级和结合性

优先级(从高到低)	运算符	运算符名称	结合性
1	( ) [ ] —> .	圆括号 下标 间接引用结构体成员	左结合
2	! ~ ++、—— +、— (数据类型) &、* sizeof	逻辑非 按位取反 自增、自减 取正、取负 强制类型转换 取地址、间接引用 数据长度	右结合
3	*、/、%	乘、除、求余数	左结合
4	+、—	加、减	左结合
5	<<、>>	左移、右移	左结合
6	<、> >=、<=	大于、小于 大于等于、小于等等于	左结合
7	==、!=	等于、不等于	左结合
8	&	按位与	左结合
9	^	按位异或	左结合
10	|	按位或	左结合
11	&&	逻辑与	左结合
12	||	逻辑或	左结合
13	? :	条件	右结合
14	=、+=、—=、*=、/=、%=、 >>=、<<=、&=、^=、|=	赋值	右结合
15	,	逗号	左结合

附录 D 常用 ANSI C 标准库函数

1. 数学函数

这些函数包含在头文件"math. h"。

函数名	函数类型和形参类型	功　能	返回值	说明
abs	int abs(int x);	求整数 x 的绝对值	计算结果	
acos	double acos(double x);	计算 $\cos^{-1}(x)$ 的值	计算结果	x 应在 -1 到 1 范围内
asin	double asin(double x);	计算 $\sin^{-1}(x)$ 的值	计算结果	x 应在 -1 到 1 范围内
atan	double atan(double x);	计算 $\tan^{-1}(x)$ 的值	计算结果	
atan2	double atan2 (double x, double y);	计算 $\tan^{-1}(x/y)$ 的值	计算结果	
cos	double cos(double x);	计算 $\cos(x)$ 的值	计算结果	x 单位为弧度
cosh	double cosh(double x);	计算 x 的双曲余弦 $\cosh(x)$ 的值	计算结果	
exp	double exp(double x);	求 e^x 的值	计算结果	
fabs	double fabs(double x);	求 x 的绝对值	计算结果	
floor	double floor(double x);	求出不大于 x 的最大整数	该整数的双精度实数	
fmod	double fmod(double x, double y);	求出整除 x/y 的余数	返回余数的双精度数	
frexp	double frexp(double val, int * eptr);	把双精度数 val 分解为数字部分（尾数）x 和以 2 为底的指数 n，即 $val = x * 2^n$，n 存放在 eptr 指向的变量中	返回数字部分	
log	double log(double x);	求 $\log_e x$，即 $\ln x$	计算结果	
log10	double log10(double x);	求 $\log_{10} x$	计算结果	
modf	double modf (double valx, double * iptr);	把双精度数 val 分解为整数部分和小数部分，把整数部分存到 iptr 指向的单元中	val 的小数部分	
pow	double pow (double x, double y);	计算 x^y 的值	计算结果	
sin	double sin(double x);	计算 $\sin x$ 的值	计算结果	x 的单位为弧度
sinh	double sinh(double x);	计算 x 的双曲正弦函数	计算结果	

函数名	函数类型和形参类型	功　　能	返回值	说　明
sqrt	double sqrt(double x);	计算 x 的开方	计算结果	x 应≥0
tan	double tan(double x);	计算 tan(x)的值	计算结果	x 的单位为弧度
tanh	double tanh(double x);	计算 x 的双曲正切函数值	计算结果	

2. 字符函数和字符串函数

ANSI C 标准要求在使用字符串函数时要包含头文件"string. h",在使用字符函数时要包含头文件"ctype. h"。

函数名	函数类型和形参类型	功　　能	返回值	包含文件
isalnum	int isalnum(int ch);	检查 ch 是否是字母或数字	是字母返回 1; 否则返回 0	ctype. h
isalpha	int isalpha(int ch);	检查 ch 是否是字母	是,返回 1 不是返回 0	ctype. h
iscntrl	int iscntrl(int ch);	检查 ch 是否控制字符	是,返回 1 不是返回 0	ctype. h
isdigit	int isdigit(int ch);	检查 ch 是否数字(0~9)	是,返回 1 不是返回 0	ctype. h
isgraph	int isgraph(int ch);	检查 ch 是否可打印字符(其 ASCII 码在 0x21 到 0x7E 之间),不包括空格	是,返回 1 不是返回 0	ctype. h
islower	int islower(int ch);	检查 ch 是否小写字母(a~z)	是,返回 1 不是返回 0	ctype. h
isprint	int isprint(int ch);	检查 ch 是否可打印字符(其 ASCII 码在 0x20 到 0x7E 之间),包括空格	是,返回 1 不是返回 0	ctype. h
ispunct	int ispunct(int ch);	检查 ch 是否标点字符(不包括空格),即除字母、数字和空格以外的所有可打印字符	是,返回 1 不是返回 0	ctype. h
isspace	int isspace(int ch);	检查 ch 是否空格,跳格符(制表符)或换行符	是,返回 1 不是返回 0	ctype. h
isupper	int isupper(int ch);	检查 ch 是否大写字母(A~Z)	是,返回 1 不是返回 0	ctype. h
isxdigit	int isxdigit(int ch);	检查 ch 是否一个 16 进制数学字符(即 0~9,或 A 到 F,或 a~f)	是,返回 1 不是返回 0	ctype. h
strcat	char * strcat(char * str1, char * str2)	把字符串 str2 接到 str1 后面,str1 最后的'\0'被取消	str1	string. h

续 表

函数名	函数类型和形参类型	功 能	返回值	包含文件
strchr	char * strchr(char * str,int ch);	指向 str 指向的字符串中第一次出现 ch 的位置	返回指向该位置的指针,如找不到,则返回空指针	string. h
strcmp	int strcmp (char * str1, char * str2);	比较两个字符串 str1、str2	str1＜str2,返回负数 str1＝str2,返回 0 str1＞str2,返回正数	string. h
strcpy	char * strcpy(char * str1, char * str2);	把 str2 指向的字符串复制到 str1 中去	返回 str1	string. h
strlen	unsigned int strlen(char * str);	统计字符串 str 中字符的个数(不包括终止符'\0')	返回字符个数	string. h
strstr	char * strstr(char * str1, char * str2);	找出 str2 字符串在 str1 字符串中第一次出现的位置(不包括 str2 的串结束符)。	返回该位置的指针,如找不到,返回空指针	string. h
tolower	int tolower(int ch);	将 ch 字符转换为小写字母	返回 ch 所代表的字符的小写字母	ctype. h
toupper	int toupper(int ch);	将 ch 字符转换为大写字母	返回 ch 所代表的字符的大写字母	ctype. h

3. 输入/输出函数

凡用以下的输入/输出函数,应该使用♯include"stdio. h"把"stdio. h"头文件包含到源文件中。

函数名	函数类型和形参类型	功 能	返回值	说明
clearerr	void clearerr(file * fp);	清除文件指针错误。指示器。	无	
close	int close(int fp);	关闭文件	关闭成功返回 0, 不成功返回－1	非 ANSI 标准
creat	int creat (char * filename, int mode);	以 mode 所指定方式建立文件	成功返回正数否则返回－1	非 ANSI 标准
eof	int eof(int fd);	检查文件是否结束	遇文件结束,返回 1 否则返回 0	非 ANSI 标准
fclose	int fclose(FILE * fp);	关闭 fp 所指的文件,释放文件缓冲区	有错则返回非 0 否则返回 0	
feof	int feof(FILE * fp);	检查文件是否结束	遇文件结束,返回非零值,否则返回 0	
fgetc	int fgetc(FILE * fp);	从 fp 所指定的文件中取得下一个字符	返回所得到的字符,若读入出错,返回 EOF	

续 表

函数名	函数类型和形参类型	功　能	返回值	说明
fgets	char * fgets(char * buf; int n, FILE * fp);	从 fp 指向的文件读取一个长度为(n-1)的字符串,存入起始地址为 buf 的空间	返回地址 buf,若遇文件结束或出错,返回 NULL	
fopen	FILE * fopen(char * filename, char * mode);	以 mode 指定的方式打开名为 filename 的文件	成功,返回一个文件指针 否则返回 0	
fprintf	int fprintf(FILE * fp, char * format,args,...);	把 args 的值以 format 指定的格式输出到 fp 所指定的文件中	实际输出的字符数	
fputc	int fputc(char ch, FILE * fp);	将字符 ch 输出到 fp 指定的文件中	成功,则返回该字符,否则返回 EOF	
fputs	int fputs(char * str,FILE * fp);	将 str 所指向的字符串输出到 fp 指定的文件中	返回 0,出错返回非 0	
fread	int fread(char * pt unsigned size, unsigned n, FILE * fp);	从 fp 所指定的文件中读取长度为 size 的 n 个数据项,存到 pt 所指向的内存区	返回所读的数据项个数,如遇文件结束或出错返回 0	
fscanf	int fscanf(FILE * fp, char format,args,...);	从 fp 指定的文件中按 format 给定的格式将输入数据送到 args 所指向的内存单元	已输入的数据个数	
fseek	int fseek(FILE * fp, long offset, int base);	将 fp 所指向的文件的位置指针移到以 base 所指出的位置为基准,以 offset 为位移量的位置	返回当前位置,否则,返回-1	
ftell	long ftell(FILE * fp);	返回 fp 所指向的文件中的读写位置	返回 fp 所指向的文件中的读写位置	
fwrite	int fwrite(char * ptr, unsigned size, unsigned n, FILE * fp);	把 ptr 所指向的 n * size 个字节输出到 fp 所指向的文件中	写到 fp 文件中的数据项的个数	
getc	int getc(FILE * fp);	从 fp 所指的文件中读入一个字符	返回所读的字符,若文件结束或出错,返回 EOF	
getchar	int getchar(void)	从标准输入设备读取下一个字符	所读字符,若文件结束或出错,返回-1	
getw	int getw(FILE * fp);	从 fp 所指的文件中读取下一个字(整数)	输入的整数。如文件结束或出错,返回-1	

续 表

函数名	函数类型和形参类型	功　能	返回值	说明
open	int open(char * filename, int mode);	以 mode 指定的方式打开已存在的名为 filename 的文件	返回文件号（正数）。如打开失败，返回－1。	
printf	int printf(char * format, args,…);	将输出表列 args 的值输出到标准输出设备	输出字符的个数，若出错，返回负数	format 可以是一个字符串，或字符数组的起始地址
putc	int putc(int ch, FILE * fp);	把一个字符 ch 输出到 fp 所指的文件中	输出的字符 ch，若出错，返回 EOF	
putchar	int putchar(char ch);	把字符 ch 输出到标准输出设备	输出的字符 ch，若出错，返回 EOF	
puts	int puts(char * str);	把 str 指向的字符串输出到标准输出设备，将'\0'转换成回车换行	返回换行符，若出错，返回 EOF	
putw	int putw(int w, FILE * fp);	将一个整数 w(即一个字)写到 fp 指向的文件中	返回输出的整数，若出错，返回 EOF	非 ANSI 标准函数
read	int read(int fd, char * buf, unsigned count);	从文件号 fd 所指示的文件中读 count 个字节到由 buf 指示的缓冲区中	返回真正读入的字节个数，如遇文件结束返回 0，出错返回－1	非 ANSI 标准函数
rename	inrename (oldname, newname) char * oldname, * newname;	把由 oldname 所指的文件名，改为由 newname 所指的文件名	成功返回 0 出错返回－1	
rewind	void rewind(FILE * fp);	将 fp 指示的文件中的位置指针置于文件开头位置，并清除文件结束标志和错误标志	无	
scanf	int scanf (char * format, args,…);	从标准输入设备按 format 指向的格式字符串规定的格式，输入数据给 args 所指向的单元	读入并赋给 args 的数据个数。遇文件结束返回 EOF，出错返回 0	args 为指针
write	int write(int fd, char * buf, unsigned count);	从 buf 指示的缓冲区输出 count 个字符到 fd 所标志的文件中	返回实际输出的字节数，出错返回－1	非 ANSI 标准函数

4. 动态存储分配函数

ANSI 标准建议设 4 个有关的动态存储分配的函数，即 calloc()、malloc()、free()、realloc()。实际上，许多 C 编译系统实现时，往往增加一些其他函数。ANSI 标准建议在"

stdlib. h"头文件中包含有关的信息,但许多 C 编译要求采用"malloc. h"而不是"stdlib. h"。

函数名	函数类型和形参类型	功　能	返回值
calloc	void ＊ calloc (unsigned n, unsigned size);	分配 n 个数据项的内存连续空间,每个数据项的大小为 size	分配内存单元的起始地址,如不成功,返回 0
free	void free(void ＊ p);	释放 p 所指的内存区	无
malloc	void ＊ malloc (unsigned n, unsigned size);	分配 size 字节的存储区	所分配的内存区地址,如内存不够,返回 0
realloc	void ＊ realloc(void ＊ p, unsigned size);	将 f 所指出的已分配内存区的大小改为 size。size 可以比原来分配的空间大或小	返回指向该内存区的指针